My Book

This book belongs to

Name: _____

Copy right © 2019 MATH-KNOTS LLC

All rights reserved, no part of this publication may be reproduced, stored in any system or transmitted in any form, or by any means, electronic, mechanical, photocopying, recording, or otherwise without the written permission of MATH-KNOTS LLC.

Cover Design by :
Gowri Vemuri

First Edition :
May, 2019

Author :
Gowri Vemuri

Edited by :
Raksha Pothapragada
Ritvik Pothapragada

Questions: mathknots.help@gmail.com

NOTE : VDOE is neither affiliated nor sponsors or endorses this product.

Dedication

This book is dedicated to:

My Mom, who is my best critic, guide and supporter.

To what I am today, and what I am going to become tomorrow,

is all because of your blessings, unconditional affection and support.

This book is dedicated to the

strongest women of my life,

my dearest mom

and

to all those moms in this universe.

G.V.

PREFACE

This book is created to make the learning of Multiplication in an interactive and fun way. Mastering the multiplication concepts is very important part for the academic excellence of students.

Each multiplication fact is displayed in the form of pictures in two different ways as **Option A and B**. Thus, giving students a visual understanding of the concept.

Option C shows the Multiplication fact with the resultant product.

- 12 multiplication tables are given the pictorial representation of each fact up to times 12.

- After each table given 5 exercises reinforce the multiplication concepts.

- After learning the 12 tables, 35 exercises are given to reinforce the concepts.

- 25 Multiplication table charts are given, and answer keys are included.

MULTIPLICATION TABLE

NOTES

A **mathematical** operation performed on a pair of numbers in order to derive a third number called a product. **Multiplication** consists of adding a number (the multiplicand) to itself a specified number of times. Thus **multiplying** 5 by 3 means adding 5 to itself three times.

Multiplication is calculating the result of repeated additions of two numbers. We can multiply two numbers in any order. Order of multiplication does not alter the product value.

Factor: Any number you multiply to get another number.

Product: The result when two or more factors are multiplied together Multiplier and multiplicand are also called as factors.

The number being the number of times repeatedly added **X** it is added.

Example: 4 X 8 = 32

Commutative Property of Multiplication
Multiplication is commutative: switching the order of two numbers being multiplied does not change the result.

Examples:
6 X 1 = 6 = 1 X 6 ; 8 X 3 = 3 X 8 = 24 ; 2 X 8 = 8 X 2 = 16

The Multiplicative Identity:
Multiplying any number with one gives the product value as same number always. 1 is called as the *multiplicative identity*. Multiplying any number by 1 leaves the number unchanged.

Examples:
9 X 1 = 9 ; 35 X 1 = 35 ; 700 X 1 = 7000

The Zero Property of Multiplication:
Multiplying any number with zero gives the product value as zero always.
Examples:
10 X 0 = 0 ; 4 X 0 = 0 ; 5000 X 0 = 0

10 table Rule:
Multiplying a number with ten meaning put a zero after the number as the product value.

INDEX

Contents	Page No
Preface and Index	1 - 12
Pictorial Table 1	13 - 28
Pictorial Table 2	29 - 44
Pictorial Table 3	45 - 60
Pictorial Table 4	61 - 80
Pictorial Table 5	81 - 100
Pictorial Table 6	101 - 122
Pictorial Table 7	123 - 144
Pictorial Table 8	145 - 166
Pictorial Table 9	167 - 188
Pictorial Table 10	189 - 210
Pictorial Table 11	211 - 232
Pictorial Table 12	233 - 254
Pictorial Table 1 ans keys	255 - 262

MULTIPLICATION TABLE

INDEX

Pictorial Table 2 ans keys	263 - 270
Pictorial Table 3 ans keys	271 - 278
Pictorial Table 4 ans keys	279 - 286
Pictorial Table 5 ans keys	287 - 294
Pictorial Table 6 ans keys	295 - 302
Pictorial Table 7 ans keys	303 - 310
Pictorial Table 8 ans keys	311 - 318
Pictorial Table 9 ans keys	319 - 326
Pictorial Table 10 ans keys	327 - 334
Pictorial Table 11 ans keys	335 - 342
Pictorial Table 12 ans keys	343 - 350
Multiplication Facts	351 - 388
Multiplication Facts ans keys	389 - 426
Multiplication Tables	427 - 436

MULTIPLICATION TABLE

TEST -1

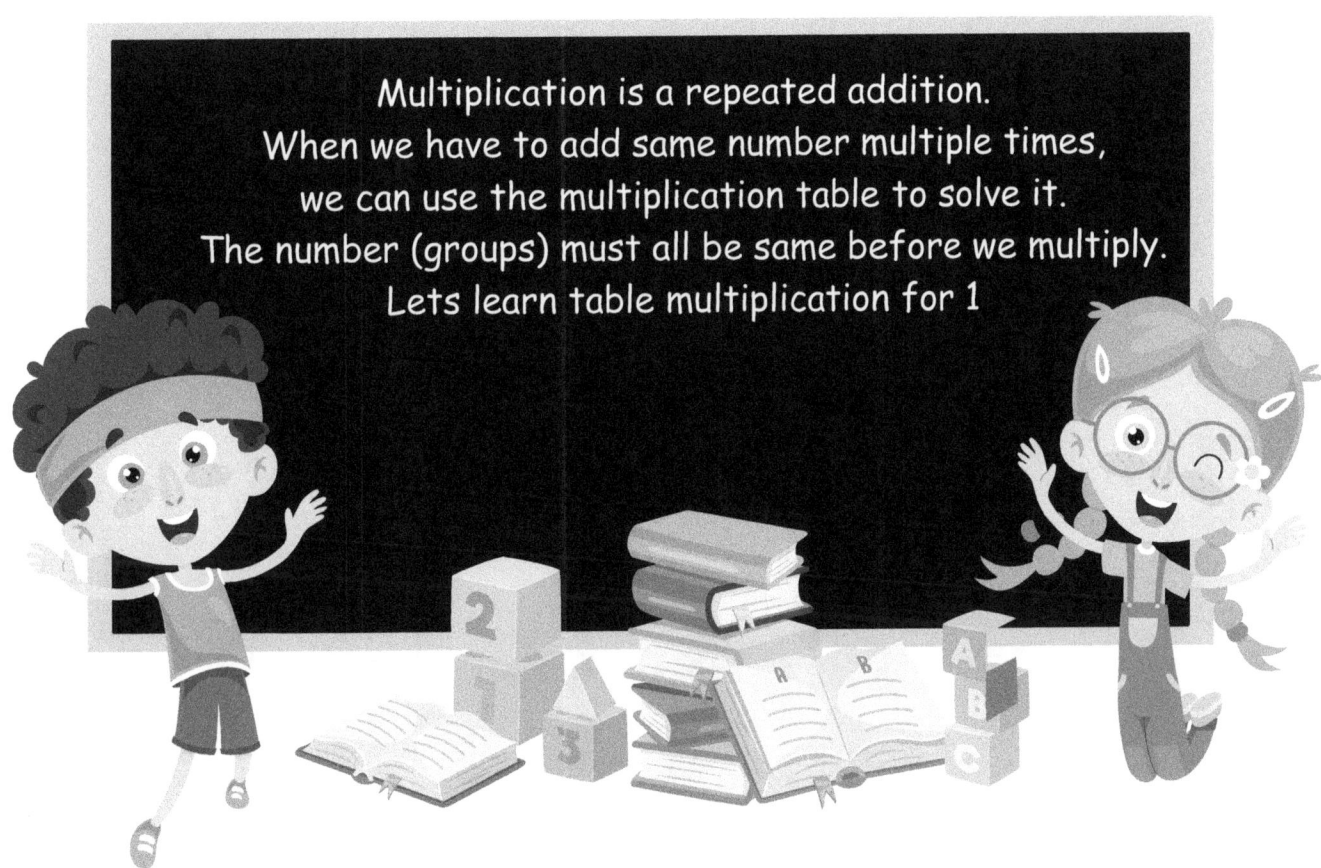

Multiplication is a repeated addition.
When we have to add same number multiple times,
we can use the multiplication table to solve it.
The number (groups) must all be same before we multiply.
Lets learn table multiplication for 1

MULTIPLICATION TABLE

TEST -1

1. Lets learn 1 × 1 = 1

   A. 🚁 × 🚁 = 🚁

   B. 1) 1 🚁 = 🚁 (× 1 above)

   C. $\boxed{1 \times 1 = 1}$

2. Lets learn 1 × 2 = 2

   A. 🚁 × 🚁🚁 = 🚁🚁

   B. 1) 🚁🚁 = 🚁🚁 (× 2 above)

   C. $\boxed{1 \times 2 = 2}$

3. Lets learn 1 × 3 = 3

   A. 🚁 × 🚁🚁🚁 = 🚁🚁🚁

   B. 1) 🚁🚁🚁 = 🚁🚁🚁 (× 3 above)

   C. $\boxed{1 \times 3 = 3}$

MULTIPLICATION TABLE

TEST -1

4. Lets learn 1 × 4 = 4

    A.

    B. 1 | 4

    C. 1 × 4 = 4

5. Lets learn 1 × 5 = 5

    A.

    B. 1 | 5

    C. 1 × 5 = 5

6. Lets learn 1 × 6 = 6

    A.

    B. 1 | 6

    C. 1 × 6 = 6

MULTIPLICATION TABLE

TEST -1

7. Lets learn 1 × 7 = 7

A.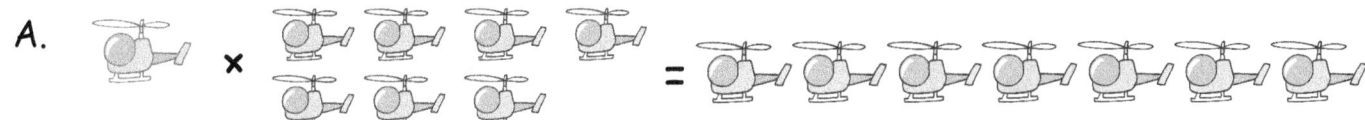

B.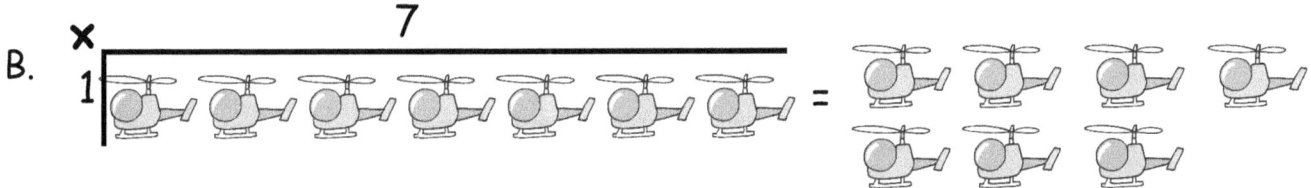

C. $\boxed{1 \times 7 = 7}$

8. Lets learn 1 × 8 = 8

A.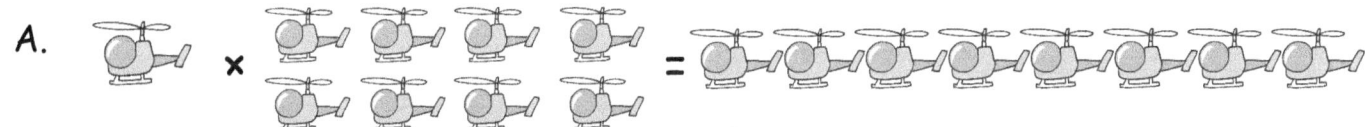

B.

C. $\boxed{1 \times 8 = 8}$

MULTIPLICATION TABLE

TEST -1

9. Lets learn 1 × 9 = 9

   A.

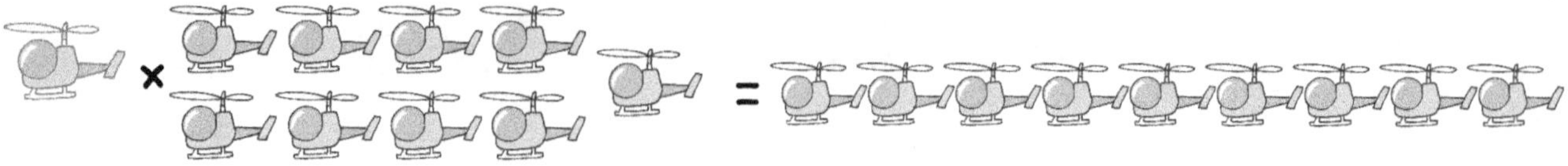

   B.

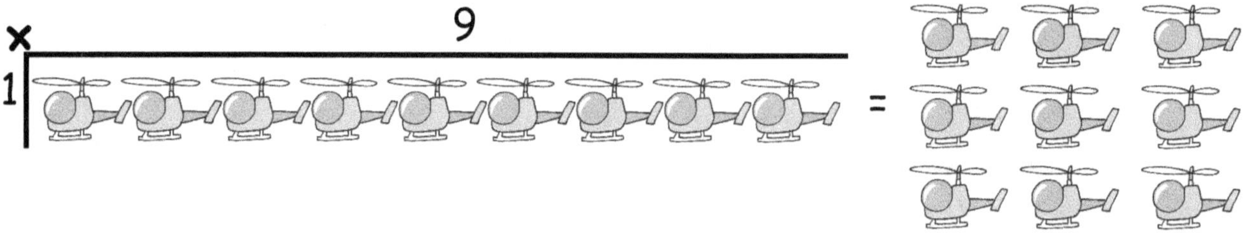

   C. $1 \times 9 = 9$

10. Lets learn 1 × 10 = 10

    A.

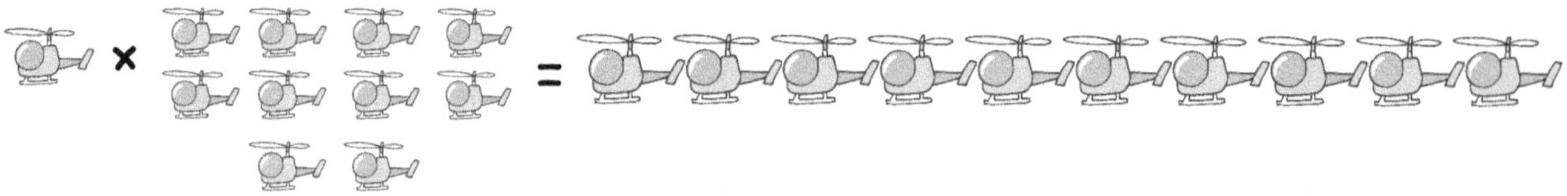

    B.

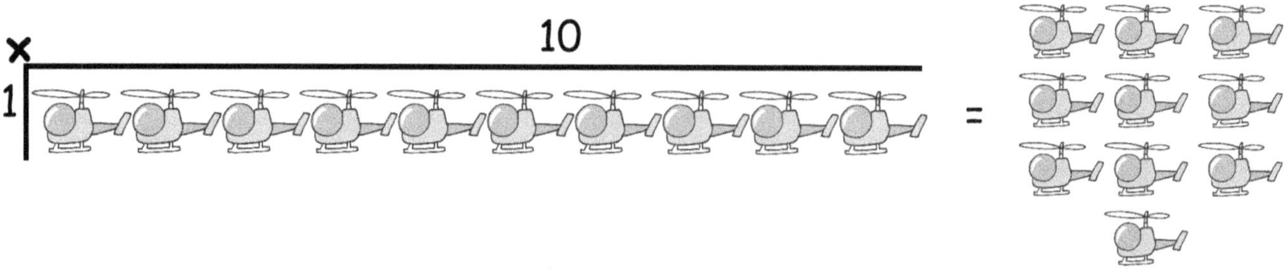

    C. $1 \times 10 = 10$

TEST -1

11. Lets learn 1 × 11 = 11

A.

B.

C. $1 \times 11 = 11$

$1 \times 11 = 11 \times 1 = 11$

Did you know this is called as commutative property for multiplication ?

MULTIPLICATION TABLE

TEST -1

12. Lets learn 1 × 12 = 12

A.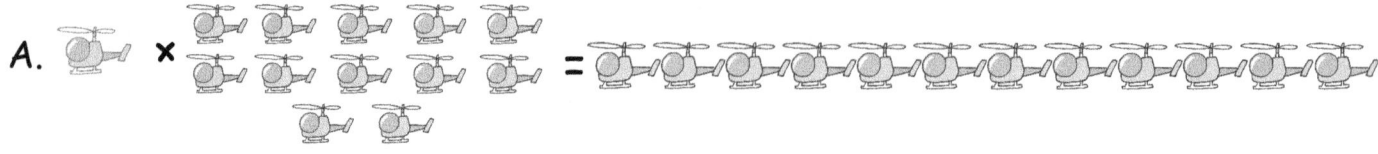

B.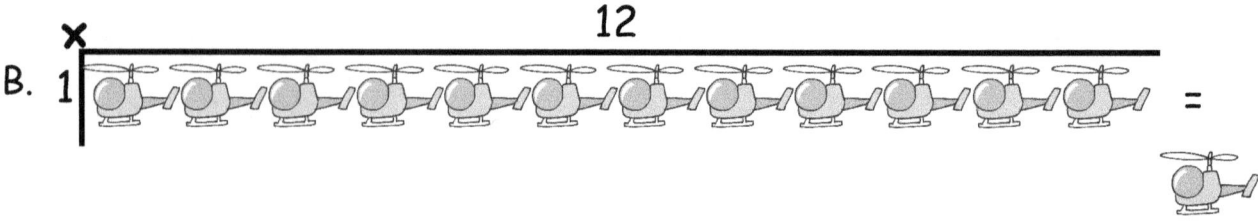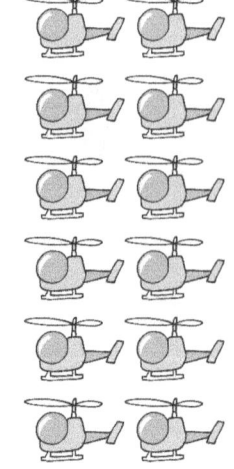

C. $\boxed{1 \times 12 = 12}$

$\boxed{1 \times 2 = 2 \times 1 = 2}$

Did you know this is called as commutative property for multiplication ?

MULTIPLICATION FACTS

Table #1

Exercise - 1

(A) 1 × 0

(B) 1 × 1

(C) 1 × 2

(D) 1 × 3

(E) 1 × 4

(F) 1 × 5

(G) 1 × 6

(H) 1 × 7

(I) 1 × 8

(J) 1 × 9

(K) 1 × 10

(L) 1 × 11

(M) 1 × 12

Exercise - 2

Match the below multiplication facts

					Answer
a	1 × 3	n	11		_____
b	1 × 9	o	12		_____
c	1 × 4	p	4		_____
d	1 × 0	q	2		_____
e	1 × 11	r	3		_____
f	1 × 5	s	1		_____
g	1 × 2	t	0		_____
h	1 × 7	u	7		_____
i	1 × 10	v	5		_____
j	1 × 12	w	10		_____
k	1 × 8	x	6		_____
l	1 × 1	y	8		_____
m	1 × 6	z	9		_____

MULTIPLICATION FACTS

Table # 1

Exercise - 3

1. I am a number, when I double myself, am equal to 2. What am I?

    (A) 6 (B) 2

    (C) 3 (D) 1

2. I am a number, when I increase myself 8 times, am equal to 8. What am I?

    (A) 1 (B) 16

    (C) 12 (D) 8

3. I am a number, when I increase myself 10 times, am equal to 10. What am I?

    (A) 6 (B) 20

    (C) 1 (D) 18

4. I am a number, when I triple myself, am equal to 3. What am I?

    (A) 15 (B) 6

    (C) 12 (D) 1

5. I am a number, when I increase myself 6 times, am equal to 6. What am I?

    (A) 1 (B) 12

    (C) 6 (D) 15

MULTIPLICATION FACTS

Table # 1

6. I am a number, when I increase myself 12 times, am equal to 12. What am I ?

   (A) 12 (B) 24

   (C) 18 (D) 1

7. I am a number, when I increase myself 5 times, am equal to 5. What am I ?

   (A) 7 (B) 1

   (C) 15 (D) 5

8. I am a number, when I increase myself 11 times, am equal to 11. What am I ?

   (A) 1 (B) 11

   (C) 0 (D) 33

9. I am a number, when I quadrupole myself, am equal to 4. What am I ?

   (A) 12 (B) 24

   (C) 1 (D) 6

MULTIPLICATION FACTS

Table # 1

10. I am a number, when I increase myself 7 times, am equal to 7. What am I ?

    (A) 7   (B) 21

    (C) 1   (D) 11

11. I am a number, when I increase myself 9 times, am equal to 9. What am I ?

    (A) 1   (B) 18

    (C) 9   (D) 27

Exercise - 4

Solve the maze run below.

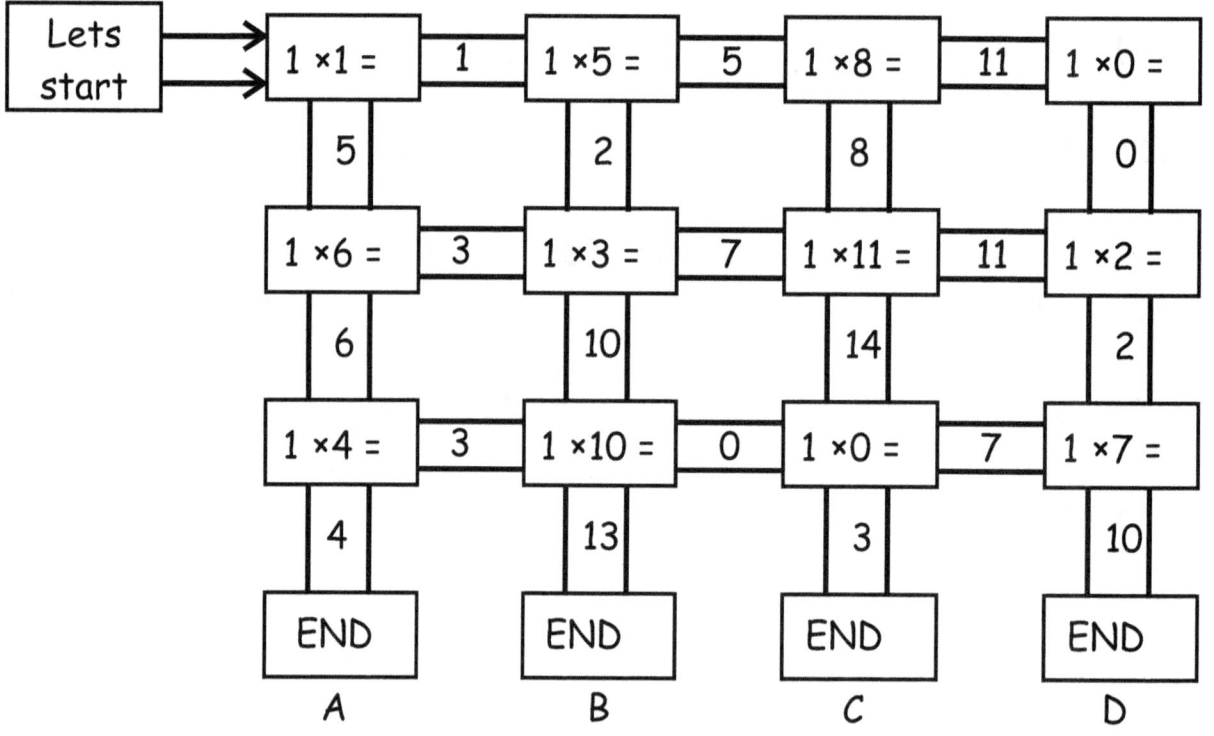

Who won the race? _____

MULTIPLICATION FACTS

Table # 1

Exercise - 5

1. 1 × ☐ = 1   then ☐ = _____
2. 1 × ☐ = 2   then ☐ = _____
3. 1 × ☐ = 3   then ☐ = _____
4. 1 × ☐ = 4   then ☐ = _____
5. 1 × ☐ = 5   then ☐ = _____
6. 1 × ☐ = 6   then ☐ = _____
7. 1 × ☐ = 7   then ☐ = _____
8. 1 × ☐ = 8   then ☐ = _____
9. 1 × ☐ = 9   then ☐ = _____
10. 1 × ☐ = 10 then ☐ = _____
11. 1 × ☐ = 11 then ☐ = _____
12. 1 × ☐ = 12 then ☐ = _____

Hey you are an expert of table 1!!!

MULTIPLICATION TABLE

Table # 2

Multiplication is a repeated addition.
When we have to add same number multiple times,
we can use the multiplication table to solve it.
The number (groups) must all be same before we multiply.
Lets learn table multiplication for 2

MULTIPLICATION TABLE

Table # 2

1. Lets learn 2 × 1 = 2

   A. 🪰 🪰 × 🪰 = 🪰🪰

   B. $\begin{array}{c|c} \times & 1 \\ \hline 2 & \end{array}$ = 🪰 🪰

   C. $\boxed{2 \times 1 = 2}$

2. Lets learn 2 × 2 = 4

   A. 🪰🪰 × 🪰🪰 = 🪰🪰🪰🪰

   B. $\begin{array}{c|c} \times & 2 \\ \hline 2 & \end{array}$ = 🪰🪰🪰🪰

   C. $\boxed{2 \times 2 = 4}$

3. Lets learn 2 × 3 = 6

   A. 🪰🪰 × 🪰🪰🪰 = 🪰🪰🪰🪰🪰🪰

   B. $\begin{array}{c|c} \times & 3 \\ \hline 2 & \end{array}$ = 🪰🪰🪰🪰🪰🪰

   C. $\boxed{2 \times 3 = 6}$

MULTIPLICATION TABLE

Table #2

4. Lets learn 2 × 4 = 8

   A.

   B.

   C. $\boxed{2 \times 4 = 8}$

5. Lets learn 2 × 5 = 10

   A.

   B.

   C. $\boxed{2 \times 5 = 10}$

6. Lets learn 2 × 6 = 12

   A.

   B.

   C. $\boxed{2 \times 6 = 12}$

MULTIPLICATION TABLE

Table # 2

7. Lets learn 2 × 7 = 14

A. [2 planes] × [7 planes] = [14 planes]

B. 2 × 7 = [14 planes]

C. $\boxed{2 \times 7 = 14}$

8. Lets learn 2 × 8 = 16

A. [2 planes] × [8 planes] = [16 planes]

B. 2 × 8 = [16 planes]

C. $\boxed{2 \times 8 = 16}$

MULTIPLICATION TABLE

Table # 2

9. Lets learn 2 × 9 = 18

   A.

   B.

   C. $2 \times 9 = 18$

10. Lets learn 2 × 10 = 20

    A.

    B.

    C. $2 \times 10 = 20$

MULTIPLICATION TABLE

Table # 2

11. Lets learn 2 × 11 = 22

A.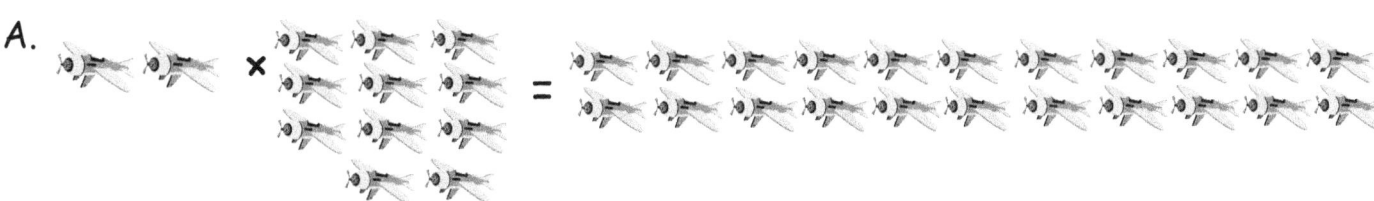

B.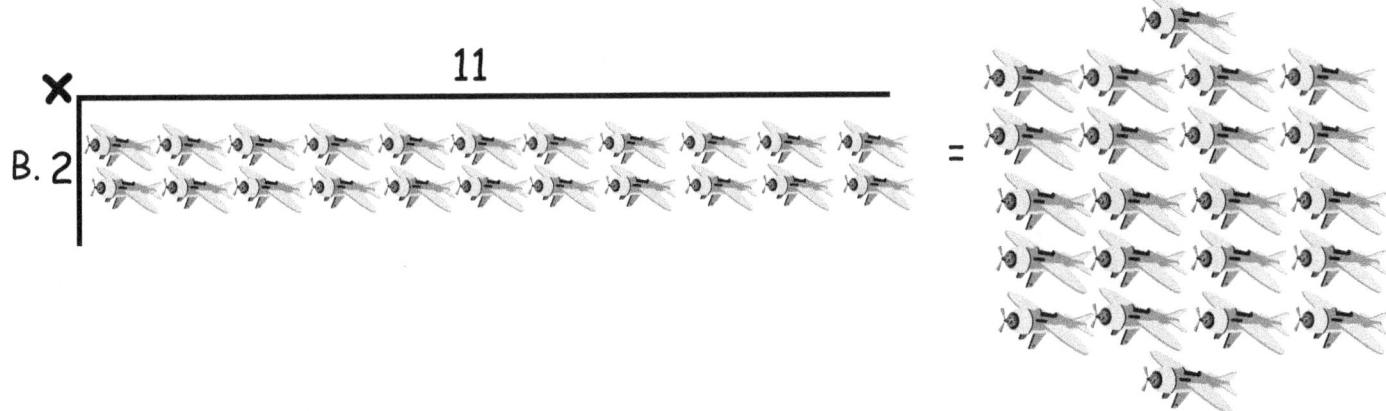

C. $\boxed{2 \times 11 = 22}$

$\boxed{2 \times 1 = 1 \times 2 = 2}$

Did you know this is called as commutative property for multiplication ?

MULTIPLICATION TABLE

Table # 2

12. Lets learn 2 × 12 = 24

A.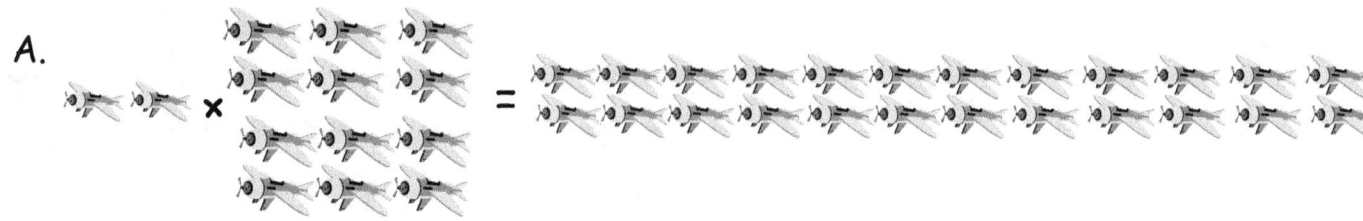

B.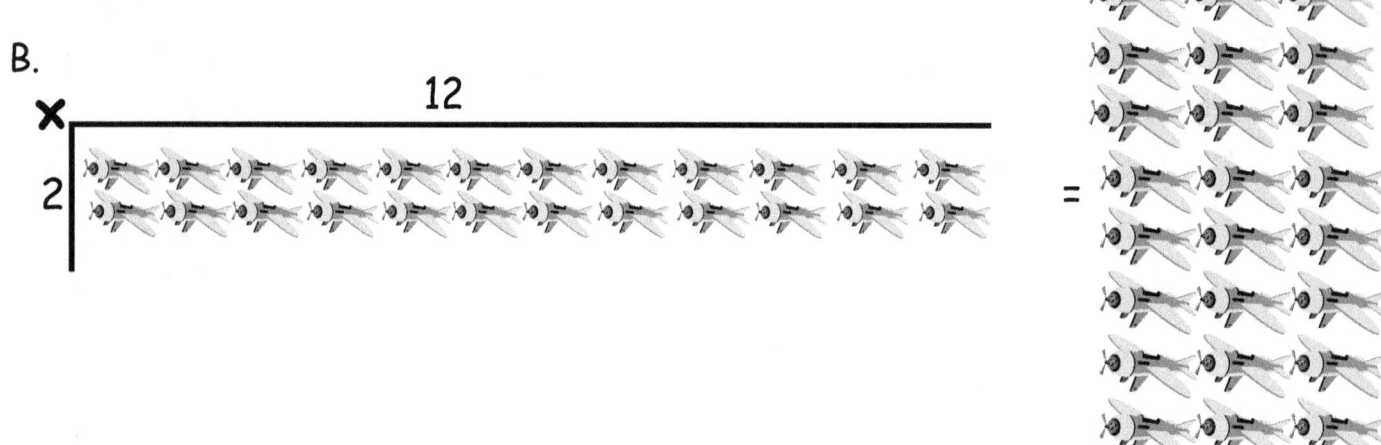

C. $\boxed{2 \times 12 = 24}$

$\boxed{2 \times 3 = 3 \times 2 = 6}$

Did you know this is called as commutative property for multiplication?

MULTIPLICATION FACTS

Table # 2

Exercise - 1

(A) 2 × 0 = ____

(B) 2 × 1 = ____

(C) 2 × 2 = ____

(D) 2 × 3 = ____

(E) 2 × 4 = ____

(F) 2 × 5 = ____

(G) 2 × 6 = ____

(H) 2 × 7 = ____

(I) 2 × 8 = ____

(J) 2 × 9 = ____

(K) 2 × 10 = ____

(L) 2 × 11 = ____

(M) 2 × 12 = ____

MULTIPLICATION FACTS

Table # 2

Exercise - 2

Match the below multiplication facts

					Answer
a	2 × 3	n	22		_____
b	2 × 9	o	24		_____
c	2 × 4	p	8		_____
d	2 × 0	q	4		_____
e	2 × 11	r	6		_____
f	2 × 5	s	2		_____
g	2 × 2	t	0		_____
h	2 × 7	u	14		_____
i	2 × 10	v	10		_____
j	2 × 12	w	20		_____
k	2 × 8	x	12		_____
l	2 × 1	y	16		_____
m	2 × 6	z	18		_____

MULTIPLICATION FACTS

Table # 2

Exercise - 3

1. I am a number, when I double myself, am equal to 4. What am I?

   (A) 6   (B) 4

   (C) 3   (D) 2

2. I am a number, when I increase myself 8 times, am equal to 16. What am I?

   (A) 2   (B) 16

   (C) 12   (D) 8

3. I am a number, when I increase myself 10 times, am equal to 20. What am I?

   (A) 6   (B) 20

   (C) 2   (D) 18

4. I am a number, when I triple myself, am equal to 6. What am I?

   (A) 15   (B) 6

   (C) 12   (D) 2

5. I am a number, when I increase myself 6 times, am equal to 12. What am I?

   (A) 2   (B) 12

   (C) 6   (D) 15

MULTIPLICATION FACTS

Table # 2

6. I am a number, when I increase myself 12 times, am equal to 24. What am I ?

    (A) 12   (B) 24

    (C) 18   (D) 2

7. I am a number, when I increase myself 5 times, am equal to 10. What am I ?

    (A) 7   (B) 2

    (C) 15   (D) 5

8. I am a number, when I increase myself 11 times, am equal to 22. What am I ?

    (A) 2   (B) 11

    (C) 0   (D) 33

9. I am a number, when I quadrupole myself, am equal to 8 . What am I ?

    (A) 12   (B) 24

    (C) 2   (D) 6

MULTIPLICATION FACTS

Table # 2

10. I am a number, when I increase myself 7 times, am equal to 14. What am I ?

    (A) 7   (B) 21

    (C) 2   (D) 11

11. I am a number, when I increase myself 9 times, am equal to 18. What am I ?

    (A) 2   (B) 18

    (C) 9   (D) 27

MULTIPLICATION FACTS

Table # 2

Exercise - 4

Solve the maze run below.

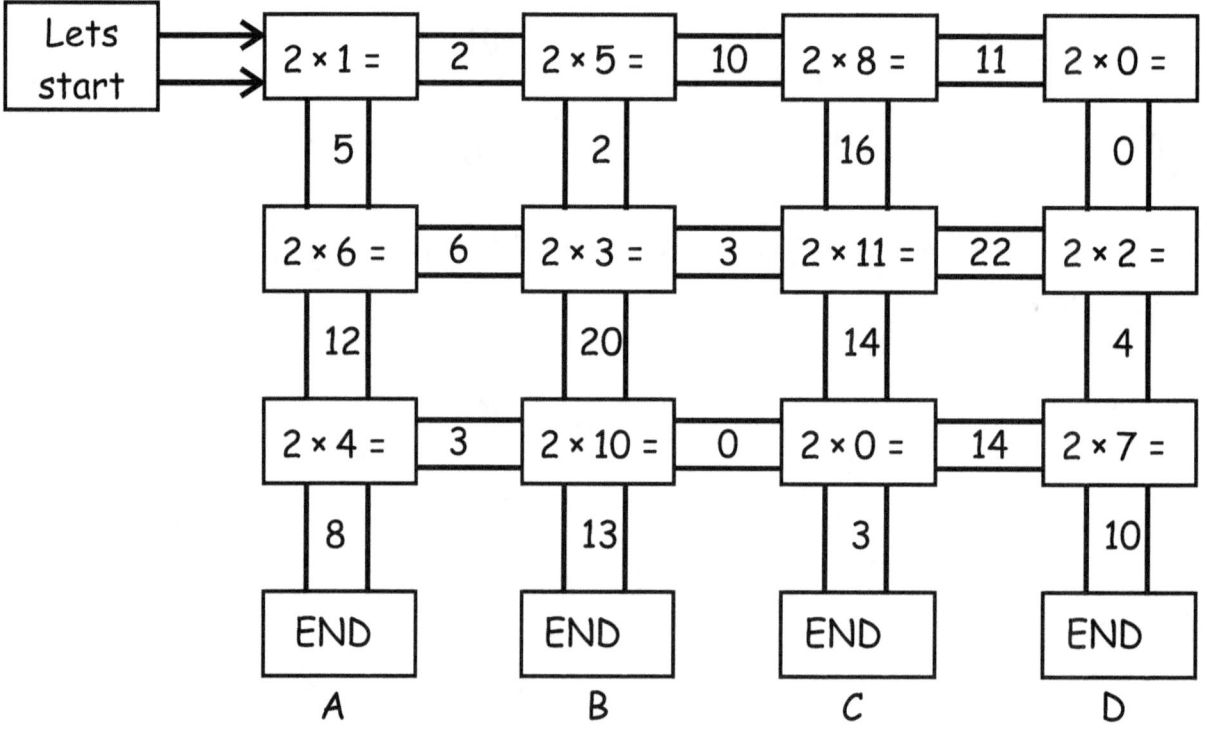

Who won the race? _____

MULTIPLICATION FACTS

Table # 2

Exercise - 5

1. 2 × ☐ = 2   then ☐ = _____
2. 2 × ☐ = 4   then ☐ = _____
3. 2 × ☐ = 6   then ☐ = _____
4. 2 × ☐ = 8   then ☐ = _____
5. 2 × ☐ = 10 then ☐ = _____
6. 2 × ☐ = 12 then ☐ = _____
7. 2 × ☐ = 14 then ☐ = _____
8. 2 × ☐ = 16 then ☐ = _____
9. 2 × ☐ = 18 then ☐ = _____
10. 2 × ☐ = 20 then ☐ = _____
11. 2 × ☐ = 22 then ☐ = _____
12. 2 × ☐ = 24 then ☐ = _____

Hey you are an expert of table 2!!!

MULTIPLICATION TABLE

Table # 3

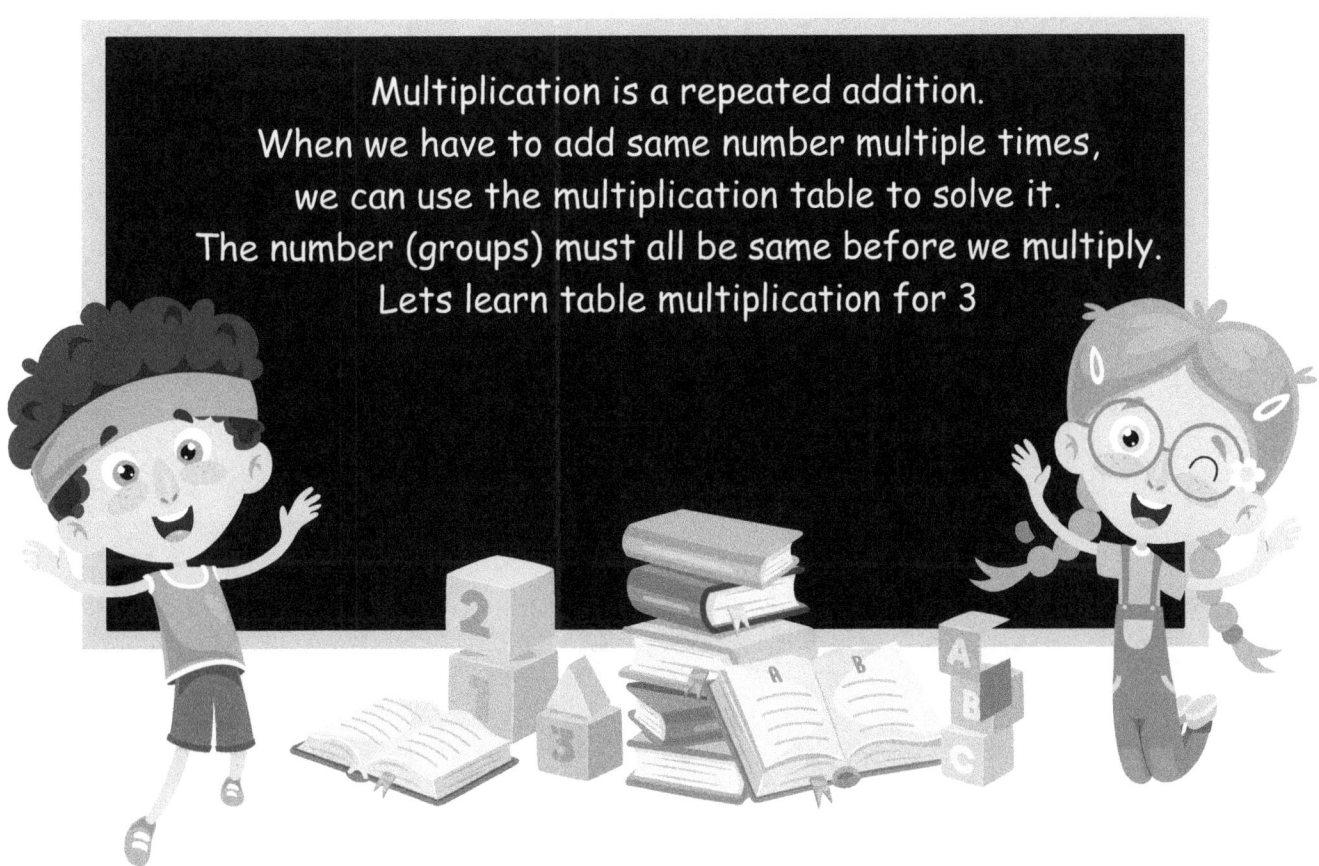

Multiplication is a repeated addition.
When we have to add same number multiple times,
we can use the multiplication table to solve it.
The number (groups) must all be same before we multiply.
Lets learn table multiplication for 3

MULTIPLICATION TABLE

Table # 3

1. Lets learn 3 × 1 = 3

A.

B.

C. $3 \times 1 = 3$

2. Lets learn 3 × 2 = 6

A.

B.

C. $3 \times 2 = 6$

MULTIPLICATION TABLE

Table # 3

3. Lets learn 3 × 3 = 9

A.

B. 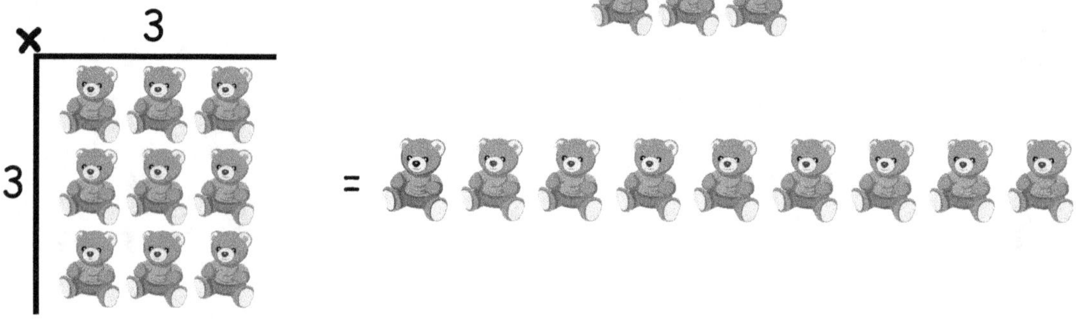 (3 × 3 grid) = (row of 9 bears)

C. $3 \times 3 = 9$

4. Lets learn 3 × 4 = 12

A.  (3 bears) × (4 bears) = (3 × 4 grid of bears)

B. 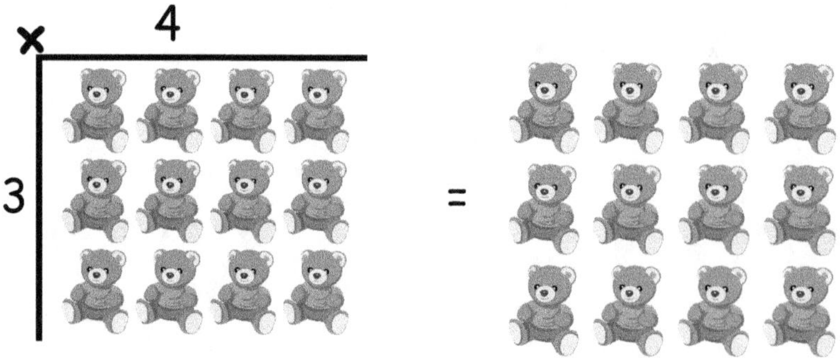 (3 × 4 grid) = (3 × 4 grid)

C. $3 \times 4 = 12$

MULTIPLICATION TABLE

Table # 3

5. Lets learn 3 × 5 = 15

A.

B.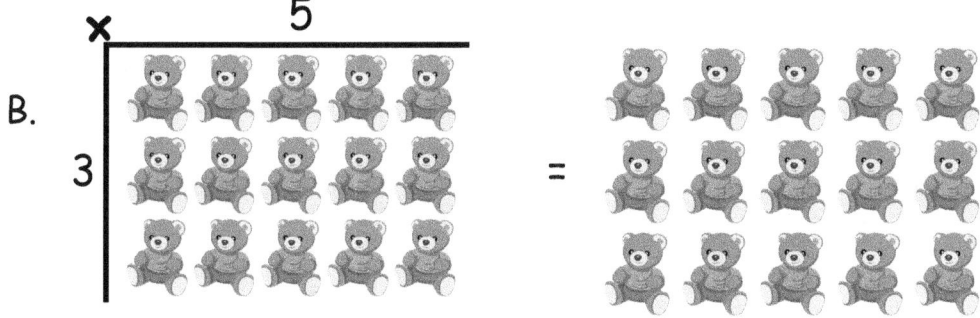

C. $\boxed{3 \times 5 = 15}$

6. Lets learn 3 × 6 = 18

A.

B.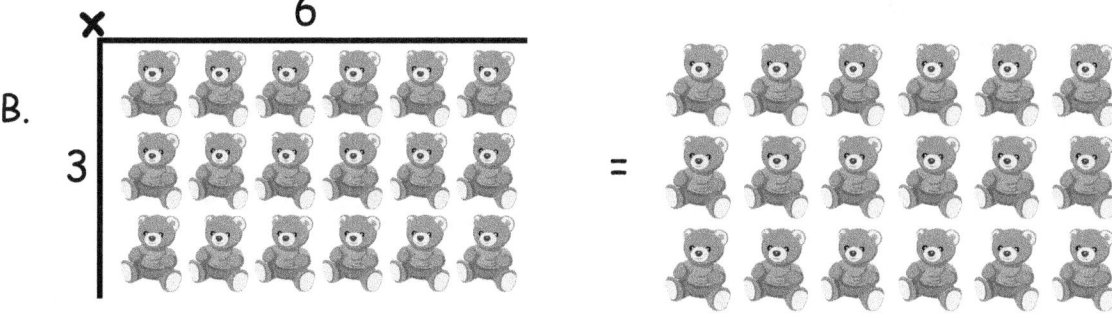

C. $\boxed{3 \times 6 = 18}$

MULTIPLICATION TABLE

Table # 3

7. Lets learn 3 × 7 = 21

A.

B.

C. $\boxed{3 \times 7 = 21}$

8. Lets learn 3 × 8 = 24

A.

B.

C. $\boxed{3 \times 8 = 24}$

MULTIPLICATION TABLE

Table # 3

9. Lets learn 3 × 9 = 27

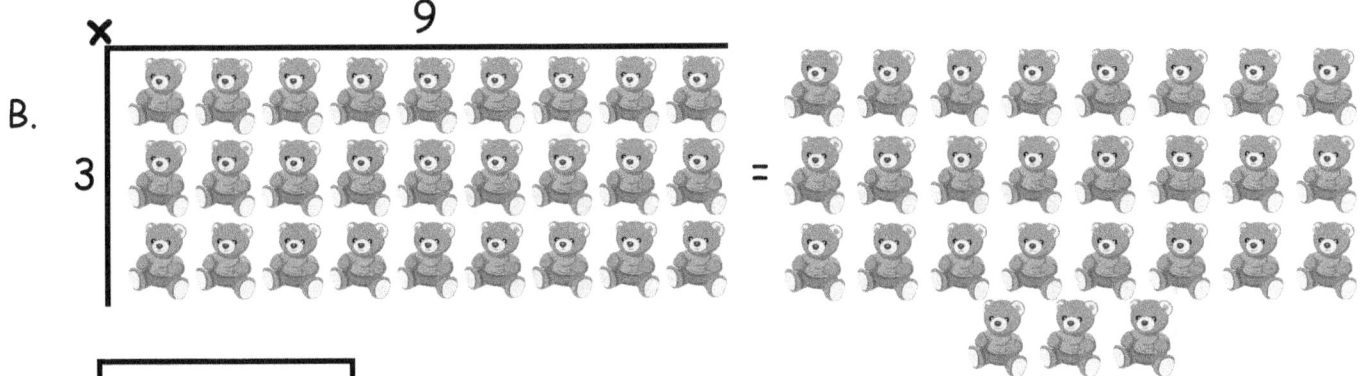

C. $3 \times 9 = 27$

10. Lets learn 3 × 10 = 30

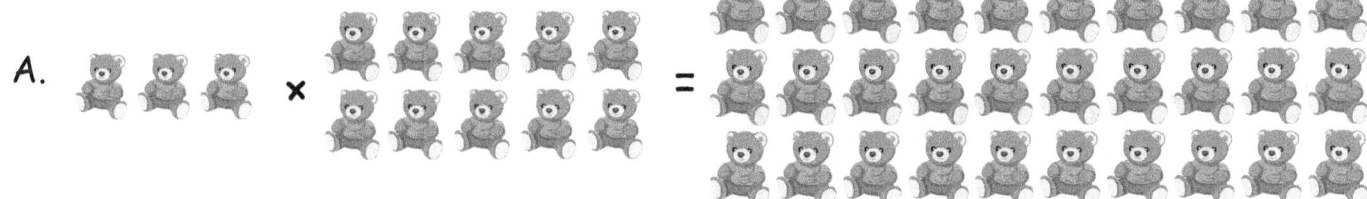

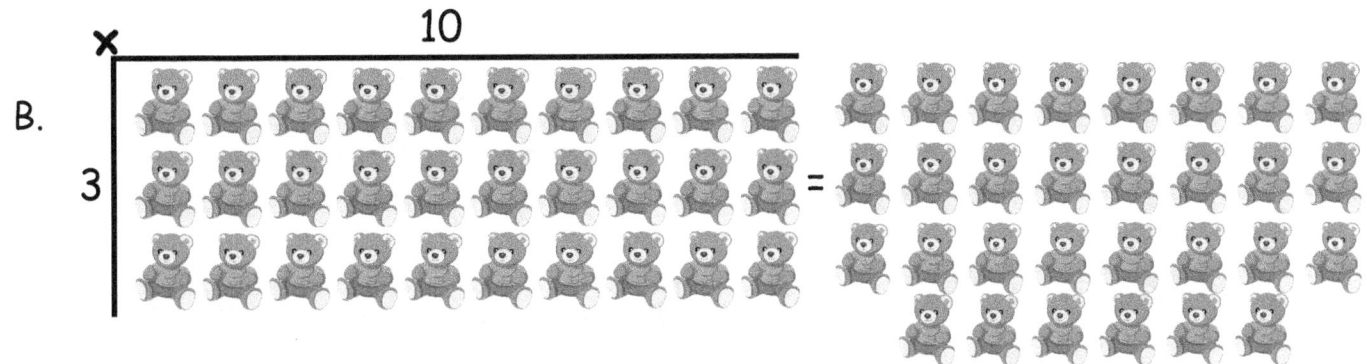

C. $3 \times 10 = 30$

MULTIPLICATION TABLE

Table # 3

11. Lets learn 3 × 11 = 33

A.

B.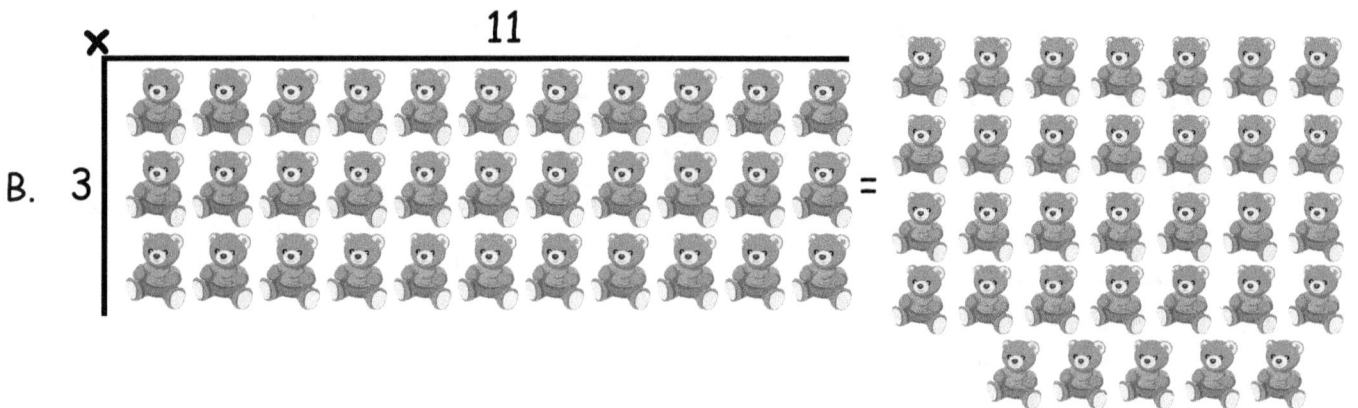

C. $3 \times 11 = 33$

$3 \times 1 = 1 \times 3 = 3$

Did you know this is called as commutative property for multiplication?

MULTIPLICATION TABLE

Table # 3

12. Lets learn 3 × 12 = 36

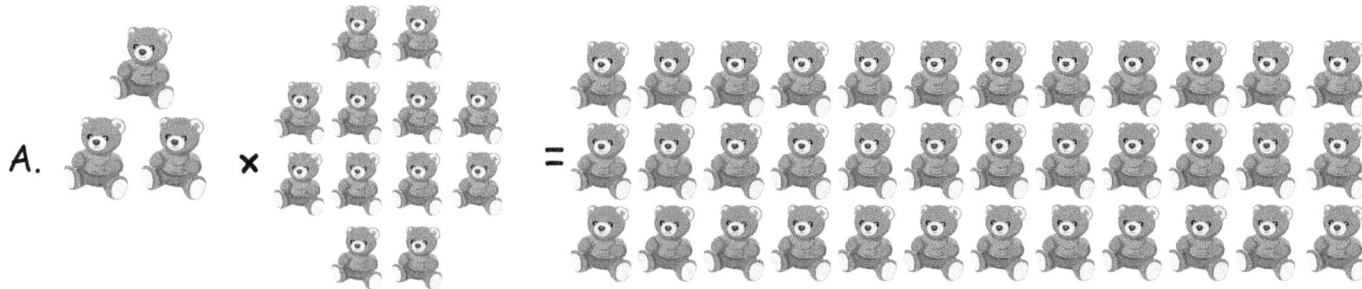

A.

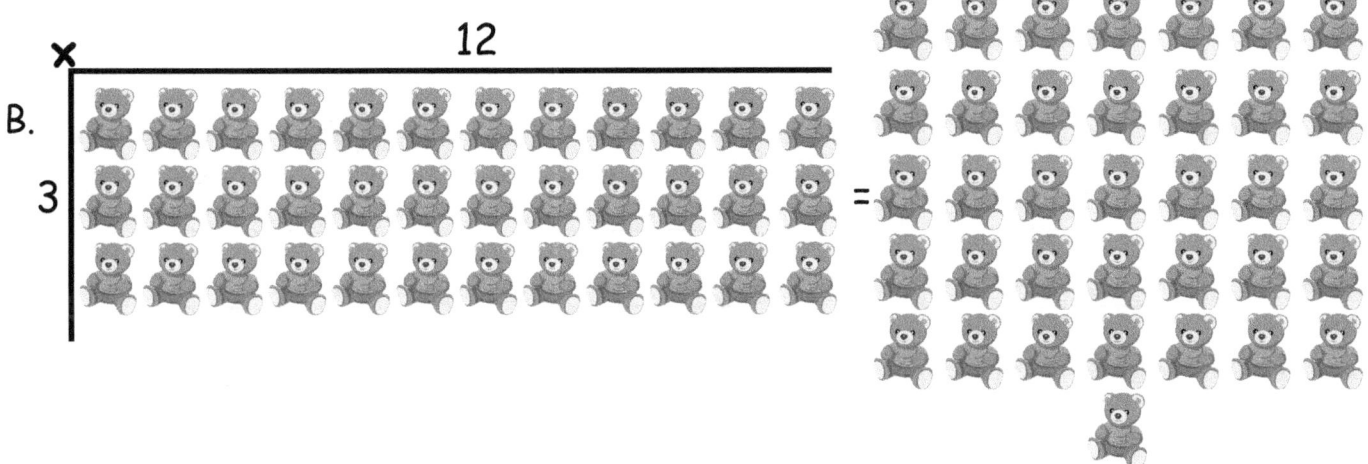

B.

C. $\boxed{3 \times 12 = 36}$

$\boxed{3 \times 2 = 2 \times 3 = 6}$

Did you know this is called as commutative property for multiplication ?

MULTIPLICATION FACTS

Table # 3

Exercise - 1

(A) 3
   × 0
   ___
   ___

(B) 3
   × 1
   ___
   ___

(C) 3
   × 2
   ___
   ___

(D) 3
   × 3
   ___
   ___

(E) 3
   × 4
   ___
   ___

(F) 3
   × 5
   ___

(G) 3
   × 6
   ___

(H) 3
   × 7
   ___

(I) 3
   × 8
   ___
   ___

(J) 3
   × 9
   ___
   ___

(K) 3
   × 10
   ___
   ___

(L) 3
   × 11
   ___

(M) 3
   × 12
   ___
   ___

MULTIPLICATION FACTS

Table # 3

Exercise - 2

Match the below multiplication facts

Answer

a	3 × 3	n	33		
b	3 × 9	o	36		
c	3 × 4	p	12		
d	3 × 0	q	6		
e	3 × 11	r	9		
f	3 × 5	s	3		
g	3 × 2	t	0		
h	3 × 7	u	21		
i	3 × 10	v	15		
j	3 × 12	w	30		
k	3 × 8	x	18		
l	3 × 1	y	24		
m	3 × 6	z	27		

MULTIPLICATION FACTS

Table # 3

Exercise - 3

1. I am a number, when I double myself, am equal to 6. What am I ?

   (A) 6   (B) 2

   (C) 1   (D) 3

2. I am a number, when I increase myself 8 times, am equal to 24. What am I?

   (A) 3   (B) 16

   (C) 12   (D) 8

3. I am a number, when I increase myself 10 times, am equal to 30. What am I ?

   (A) 6   (B) 20

   (C) 3   (D) 18

4. I am a number, when I triple myself, am equal to 9. What am I ?

   (A) 15   (B) 6

   (C) 12   (D) 3

5. I am a number, when I increase myself 6 times, am equal to 18. What am I ?

   (A) 3   (B) 12

   (C) 6   (D) 15

MULTIPLICATION FACTS

Table # 3

6. I am a number, when I increase myself 12 times, am equal to 36.
    What am I ?

    (A) 12   (B) 24

    (C) 18   (D) 3

7. I am a number, when I increase myself 5 times, am equal to 15.
    What am I ?

    (A) 7   (B) 3

    (C) 15   (D) 5

8. I am a number, when I increase myself 11 times, am equal to 33.
    What am I ?

    (A) 3   (B) 11

    (C) 0   (D) 33

9. I am a number, when I quadrupole myself, am equal to 12. What am I ?

    (A) 12   (B) 24

    (C) 3   (D) 6

MULTIPLICATION FACTS

Table # 3

10. I am a number, when I increase myself 7 times, am equal to 21. What am I?

   (A) 7   (B) 21

   (C) 3   (D) 11

11. I am a number, when I increase myself 9 times, am equal to 27. What am I?

   (A) 3   (B) 18

   (C) 9   (D) 27

Exercise - 4

Solve the maze run below.

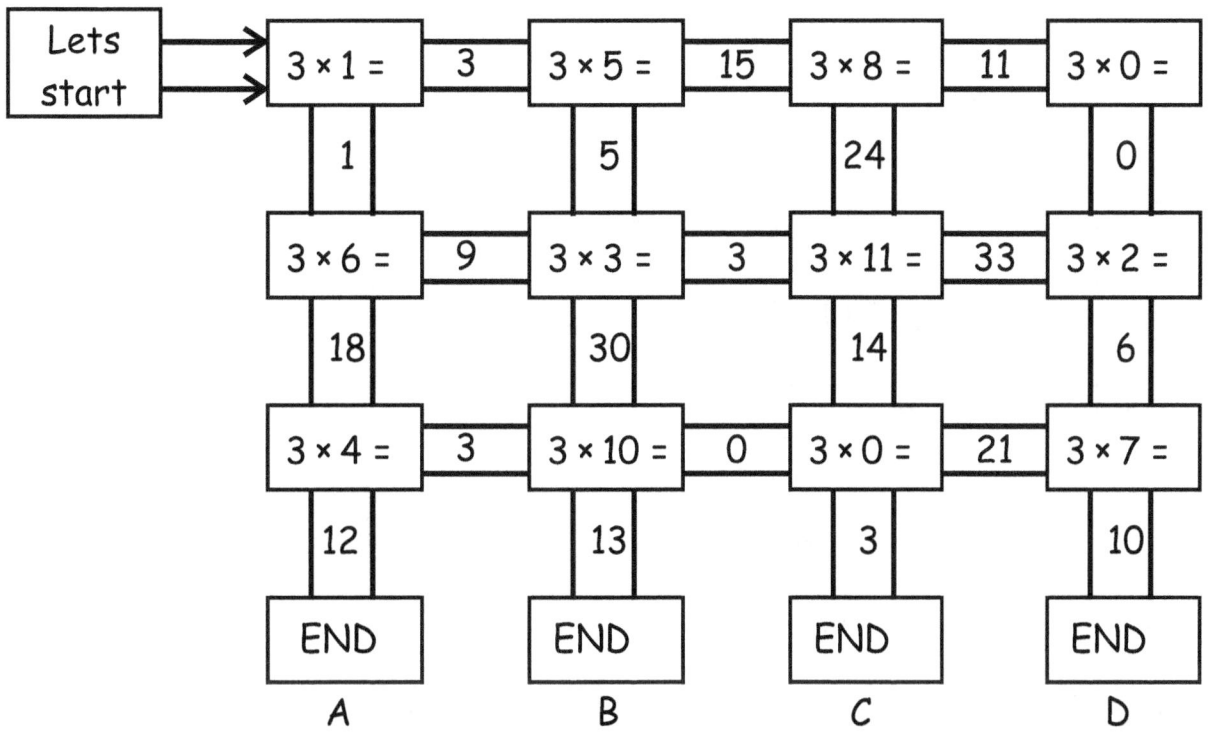

Who won the race ? _____

MULTIPLICATION FACTS

Table # 3

Exercise - 5

1. 3 × ☐ = 3   then ☐ = _____
2. 3 × ☐ = 6   then ☐ = _____
3. 3 × ☐ = 9   then ☐ = _____
4. 3 × ☐ = 12 then ☐ = _____
5. 3 × ☐ = 15 then ☐ = _____
6. 3 × ☐ = 18 then ☐ = _____
7. 3 × ☐ = 21 then ☐ = _____
8. 3 × ☐ = 24 then ☐ = _____
9. 3 × ☐ = 27 then ☐ = _____
10. 3 × ☐ = 30 then ☐ = _____
11. 3 × ☐ = 33 then ☐ = _____
12. 3 × ☐ = 36 then ☐ = _____

Hey you are an expert of table 3!!!

MULTIPLICATION TABLE

Table # 4

Multiplication is a repeated addition.
When we have to add same number multiple times,
we can use the multiplication table to solve it.
The number (groups) must all be same before we multiply.
Lets learn table multiplication for 4

MULTIPLICATION TABLE

Table # 4

1. Lets learn 4 × 1 = 4

    A.  ×  =

    B. 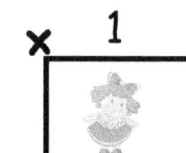 =

    C. $4 \times 1 = 4$

2. Lets learn 4 × 2 = 8

    A.  × =

    B. 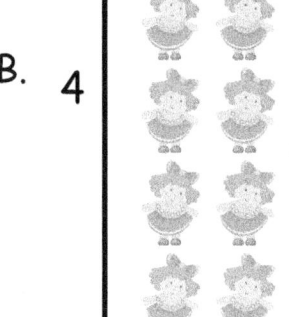 =

    C. $4 \times 2 = 8$

MULTIPLICATION TABLE

Table # 4

3.   Lets learn 4 × 3 = 12

A.   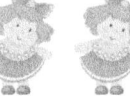 ×   =

B.   ×   3
    4  =

C.   4 × 3 = 12

4.   Lets learn 4 × 4 = 16

A.  × 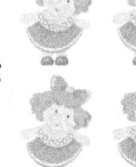  =

B.   ×   4
    4  =

C.   4 × 4 = 16

MULTIPLICATION TABLE

Table # 4

5. Lets learn 4 × 5 = 20

A.

B.

C. $4 \times 5 = 20$

$4 \times 1 = 1 \times 4 = 4$

$4 \times 2 = 2 \times 4 = 8$

Did you know this is called as commutative property for multiplication ?

MULTIPLICATION TABLE

Table # 4

6. Lets learn 4 × 6 = 24

A.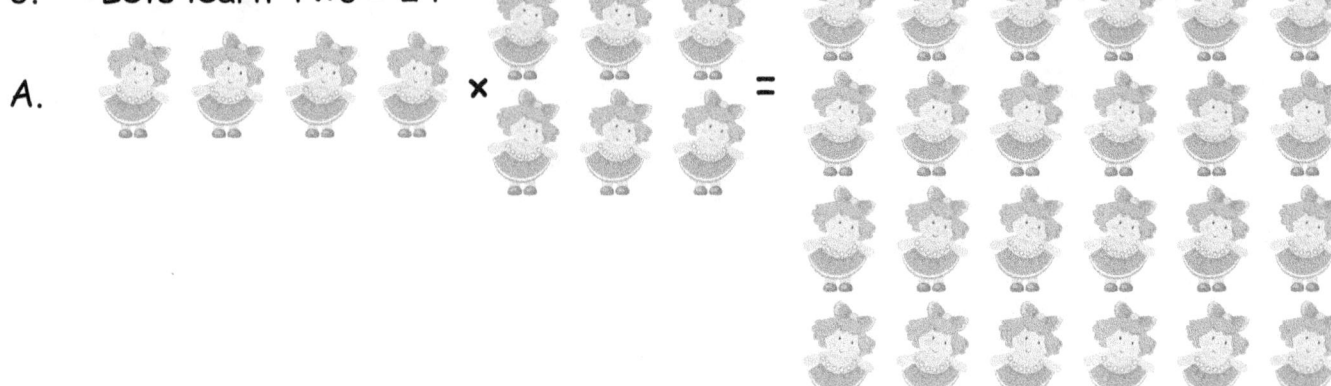

B.

C. 4 × 6 = 24

4 × 3 = 3 × 4 = 12

Did You Know...?

Did you know this is called as commutative property for multiplication?

MULTIPLICATION TABLE

Table # 4

7. Lets learn 4 × 7 = 28

A.

B.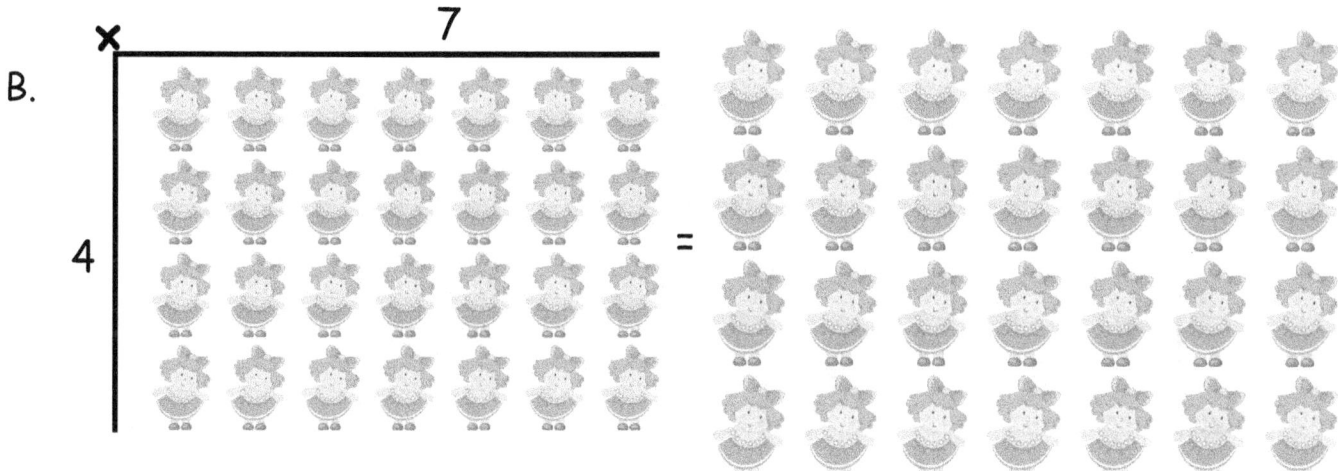

C. $\boxed{4 \times 7 = 28}$

MULTIPLICATION TABLE

Table # 4

8. Lets learn 4 × 8 = 32

A.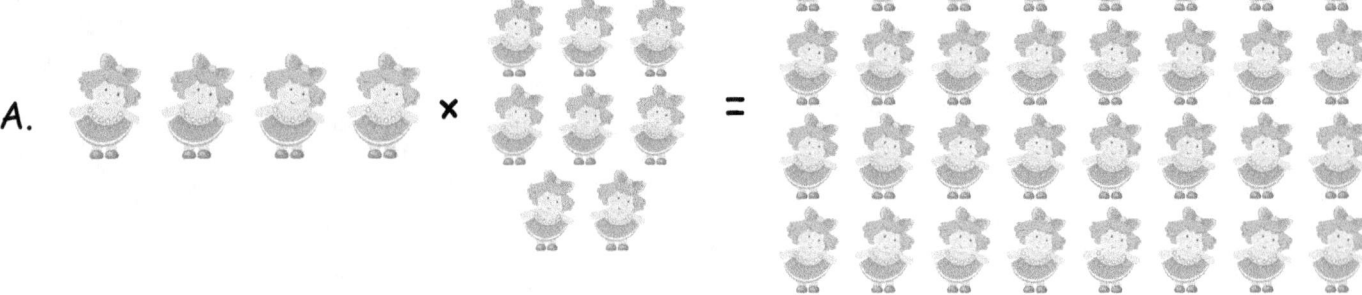

B.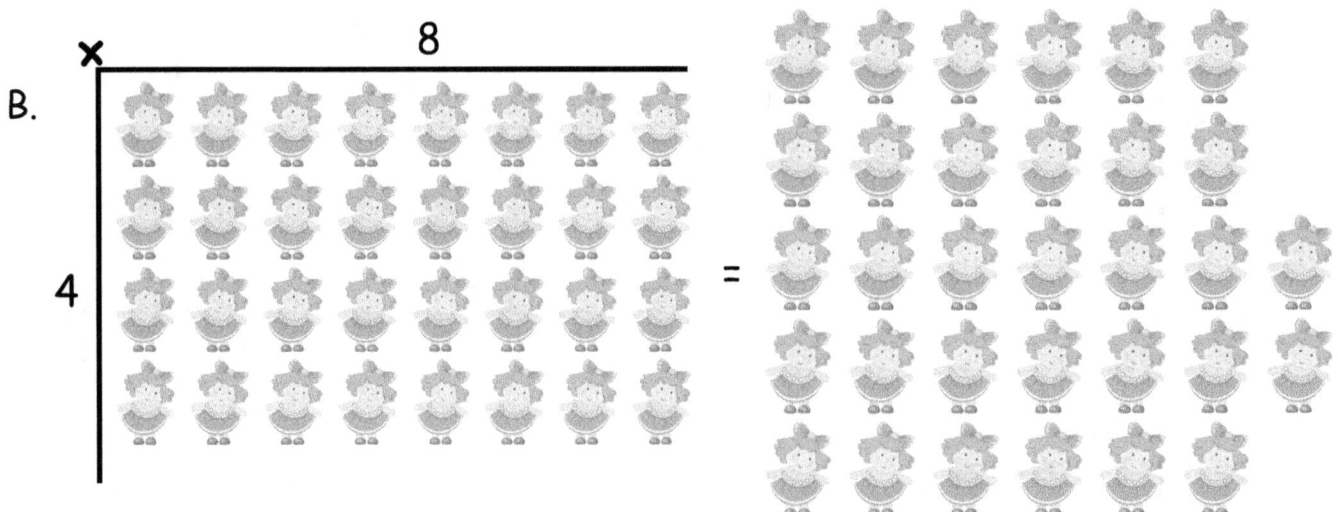

C. 4 × 8 = 32

MULTIPLICATION TABLE

Table # 4

9. Lets learn 4 × 9 = 36

A.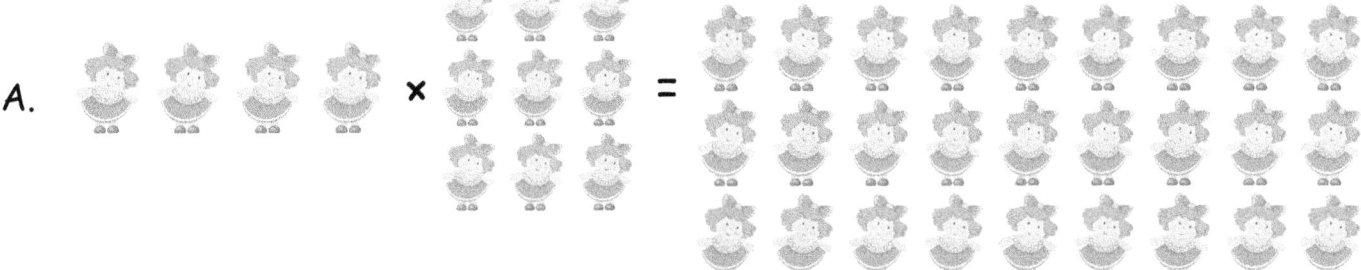

B.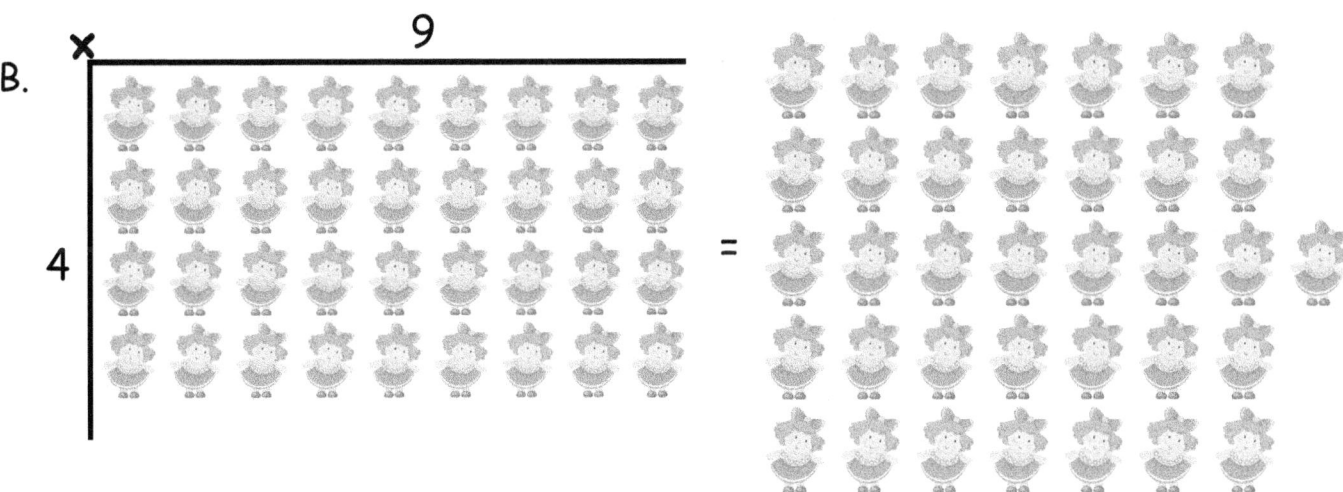

C. $\boxed{4 \times 9 = 36}$

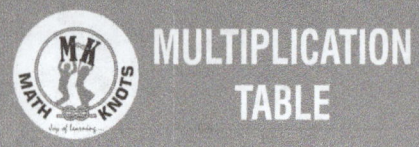

MULTIPLICATION TABLE

Table # 4

10. Lets learn 4 × 10 = 40

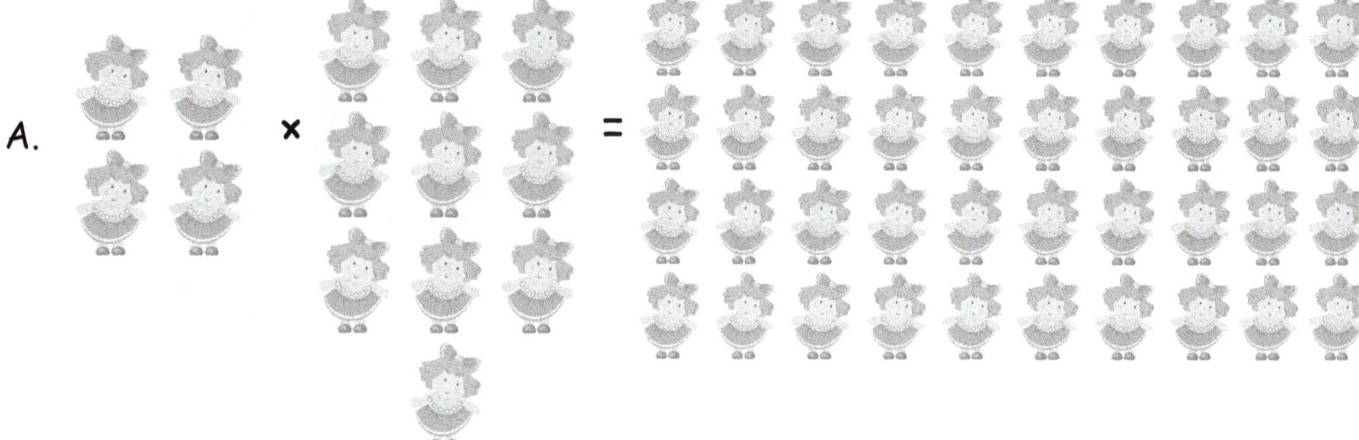

A.

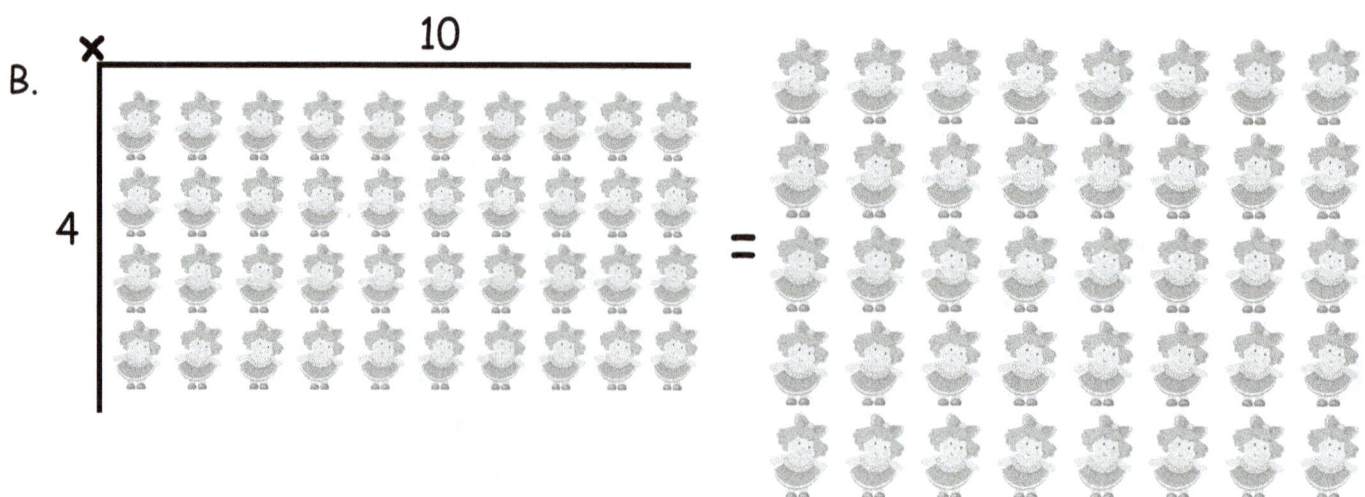

B.

C. $4 \times 10 = 40$

MULTIPLICATION TABLE

Table # 4

11. Lets learn 4 × 11 = 44

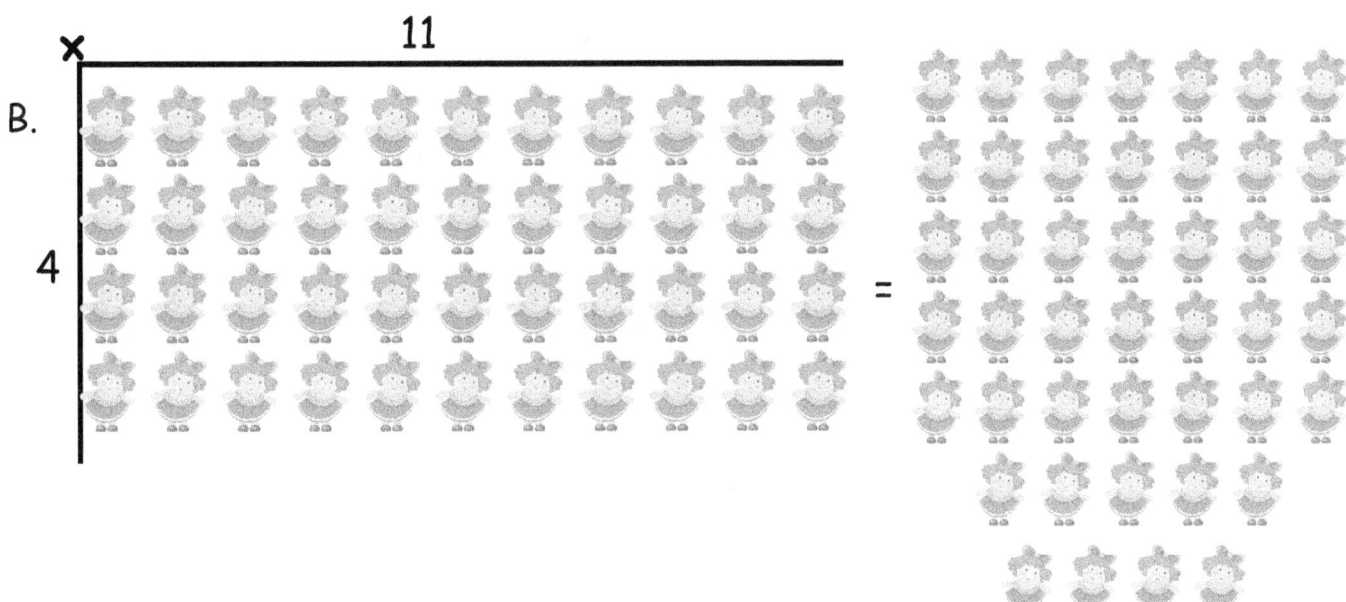

C. $\boxed{4 \times 11 = 44}$

MULTIPLICATION TABLE

Table # 4

12. Lets learn 4 × 12 = 48

A.

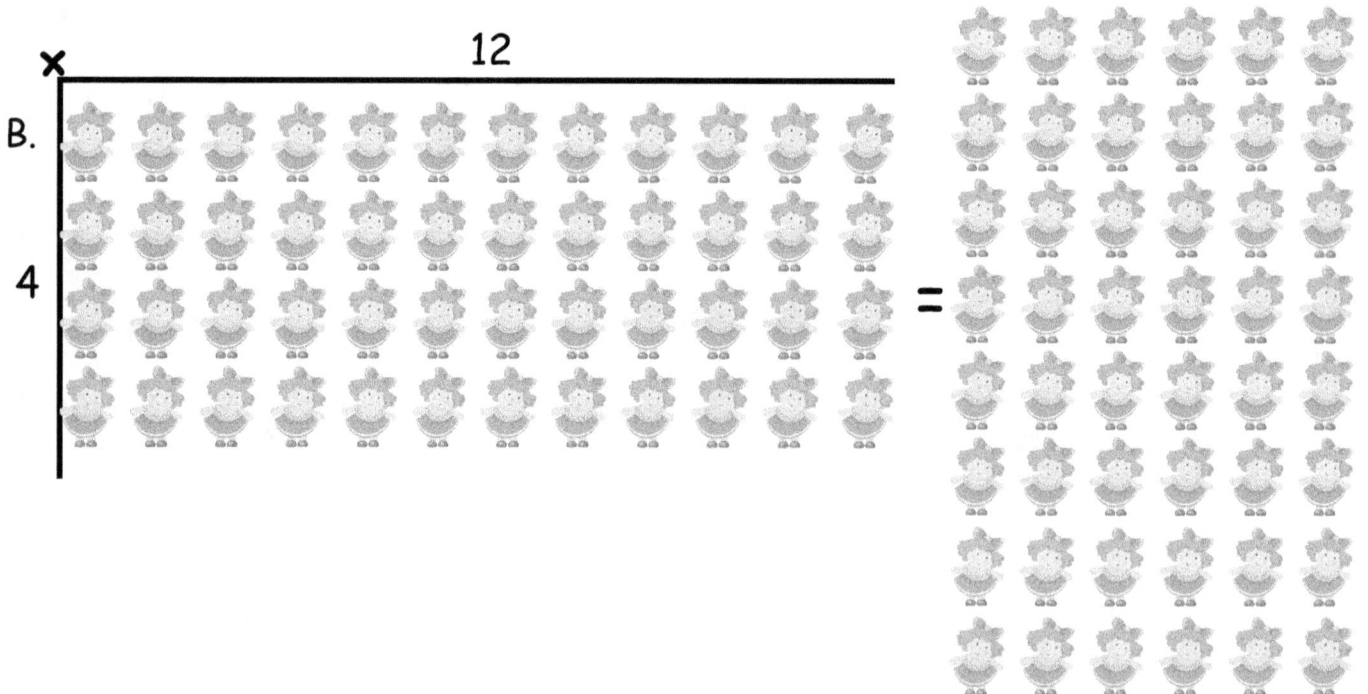

B.

C. $4 \times 12 = 48$

Exercise - 1

(A) 4 × 0 = ____

(B) 4 × 1 = ____

(C) 4 × 2 = ____

(D) 4 × 3 = ____

(E) 4 × 4 = ____

(F) 4 × 5 = ____

(G) 4 × 6 = ____

(H) 4 × 7 = ____

(I) 4 × 8 = ____

(J) 4 × 9 = ____

(K) 4 × 10 = ____

(L) 4 × 11 = ____

(M) 4 × 12 = ____

Table # 4

Exercise - 2

Match the below multiplication facts

					Answer
a	4 × 3	n	0		_____
b	4 × 9	o	16		_____
c	4 × 4	p	28		_____
d	4 × 0	q	12		_____
e	4 × 11	r	4		_____
f	4 × 5	s	34		_____
g	4 × 2	t	20		_____
h	4 × 7	u	32		_____
i	4 × 10	v	44		_____
j	4 × 12	w	8		_____
k	4 × 8	x	48		_____
l	4 × 1	y	24		_____
m	4 × 6	z	40		_____

Exercise - 3

1. I am a number, when I double myself, am equal to 8. What am I?

   (A) 4   (B) 2

   (C) 8   (D) 0

2. I am a number, when I increase myself 8 times, am equal to 32. What am I?

   (A) 4   (B) 16

   (C) 8   (D) 32

3. I am a number, when I increase myself 10 times, am equal to 40. What am I?

   (A) 1   (B) 40

   (C) 4   (D) 10

4. I am a number, when I triple myself, am equal to 12. What am I?

   (A) 12   (B) 3

   (C) 1   (D) 4

5. I am a number, when I increase myself 6 times, am equal to 24. What am I?

   (A) 24   (B) 4

   (C) 12   (D) 6

MULTIPLICATION FACTS

Table # 4

6. I am a number, when I increase myself 12 times, am equal to 48. What am I ?

   (A) 24 (B) 48

   (C) 4   (D) 12

7. I am a number, when I increase myself 5 times, am equal to 20. What am I ?

   (A) 1   (B) 4

   (C) 20 (D) 5

8. I am a number, when I increase myself 11 times, am equal to 44. What am I ?

   (A) 11 (B) 1

   (C) 44 (D) 4

9. I am a number, when I quadrupole myself, am equal to 16. What am I ?

   (A) 32 (B) 8

   (C) 16 (D) 4

MULTIPLICATION FACTS

Table # 4

10. I am a number, when I increase myself 7 times, am equal to 28. What am I ?

    (A) 4   (B) 14

    (C) 7   (D) 28

11. I am a number, when I increase myself 9 times, am equal to 36. What am I ?

    (A) 9   (B) 36

    (C) 4   (D) 18

MULTIPLICATION FACTS

Table # 4

Exercise - 4

Solve the maze run below.

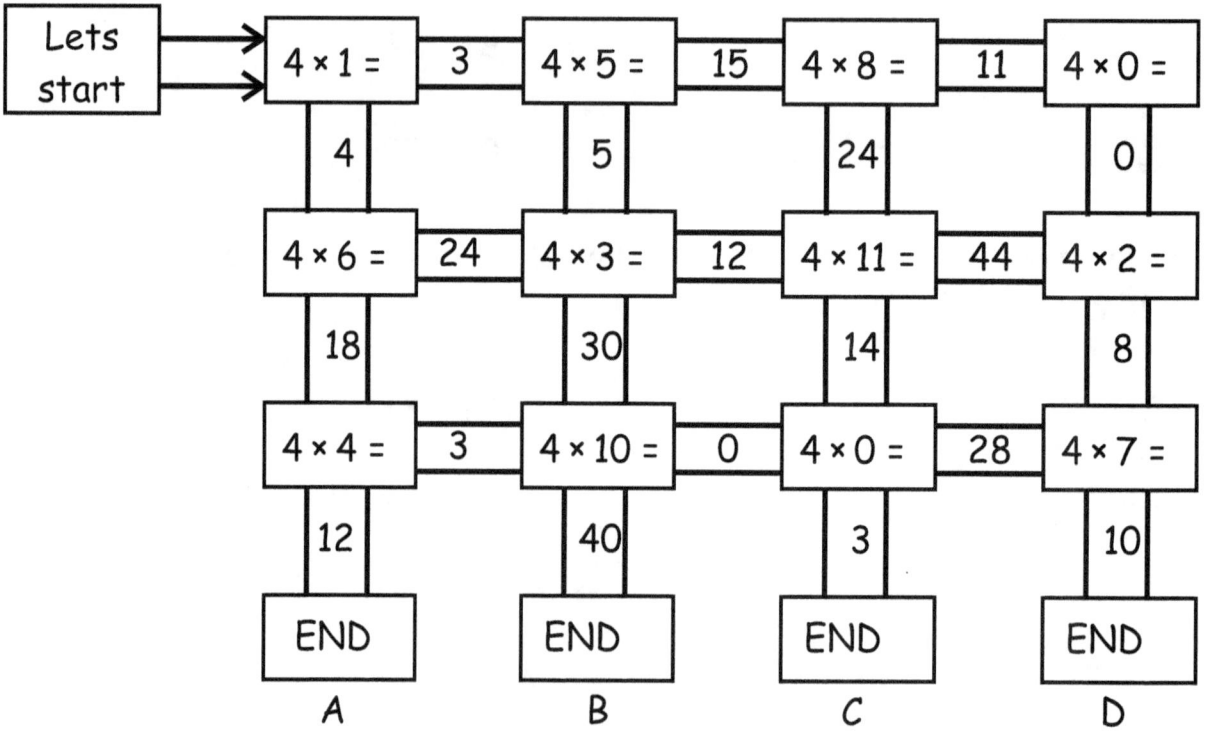

Who won the race? _____

MULTIPLICATION FACTS

Table # 4

Exercise - 5

1. 4 × ☐ = 4   then ☐ = _____
2. 4 × ☐ = 8   then ☐ = _____
3. 4 × ☐ = 12   then ☐ = _____
4. 4 × ☐ = 16   then ☐ = _____
5. 4 × ☐ = 20   then ☐ = _____
6. 4 × ☐ = 24   then ☐ = _____
7. 4 × ☐ = 28   then ☐ = _____
8. 4 × ☐ = 32   then ☐ = _____
9. 4 × ☐ = 36   then ☐ = _____
10. 4 × ☐ = 40   then ☐ = _____
11. 4 × ☐ = 44   then ☐ = _____
12. 4 × ☐ = 48   then ☐ = _____

Hey you are an expert of table 4!!!

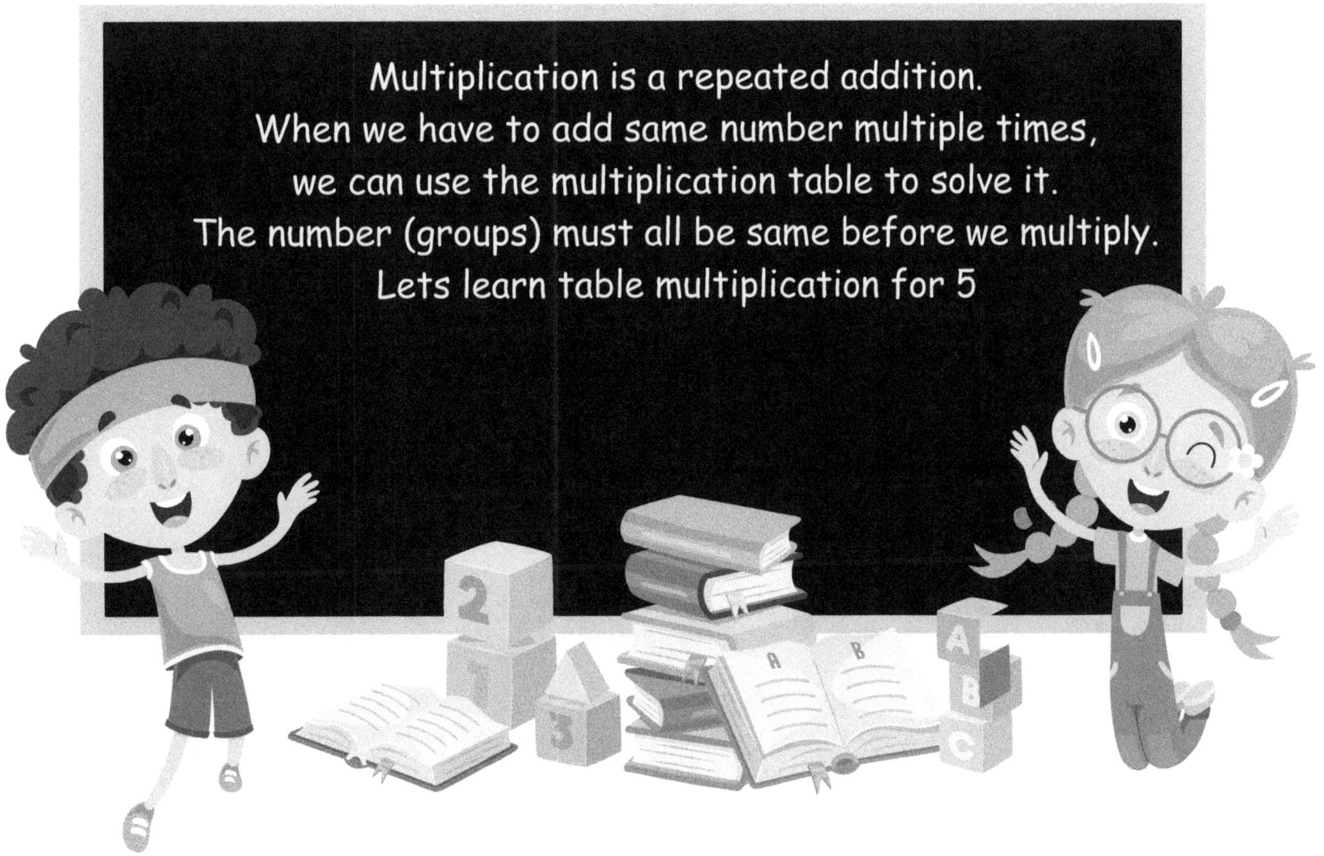

MULTIPLICATION TABLE

Table # 5

Multiplication is a repeated addition.
When we have to add same number multiple times,
we can use the multiplication table to solve it.
The number (groups) must all be same before we multiply.
Lets learn table multiplication for 5

MULTIPLICATION TABLE

Table # 5

1. Lets learn 5 × 1 = 5

   A.

   B.

   C. $5 \times 1 = 5$

2. Lets learn 5 × 2 = 10

   A.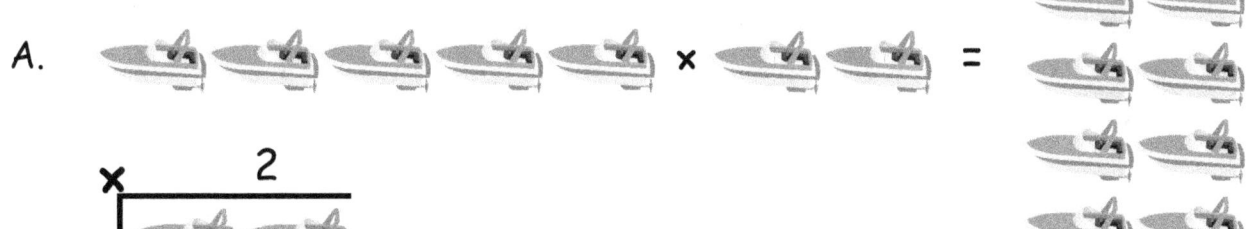

   B.

   C. $5 \times 2 = 10$

MULTIPLICATION TABLE

Table # 5

3. Lets learn 5 × 3 = 15

A.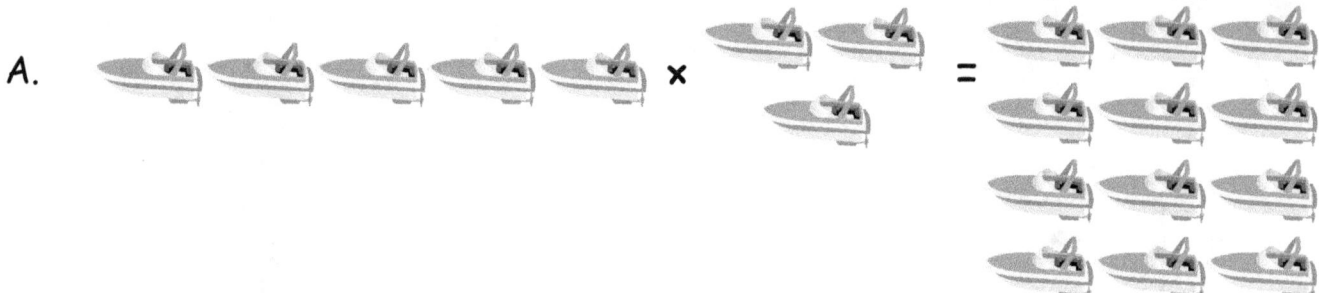

B.

C. $\boxed{5 \times 3 = 15}$

$\boxed{5 \times 1 = 1 \times 5 = 5}$

Did you know this is called as commutative property for multiplication?

MULTIPLICATION TABLE

Table # 5

4. Lets learn 5 × 4 = 20

A.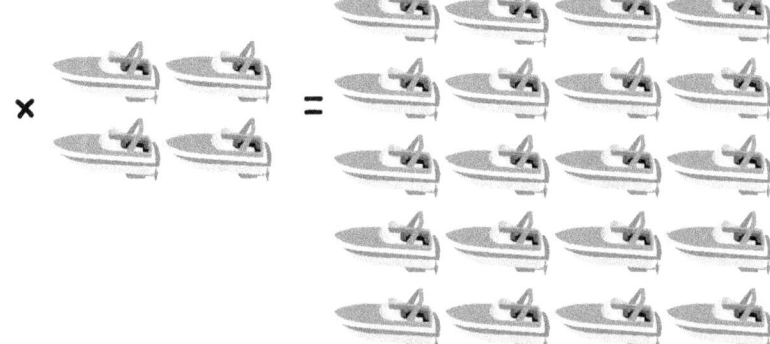

B.

C. 5 × 4 = 20

5 × 2 = 2 × 5 = 10

Did you know this is called as commutative property for multiplication?

MULTIPLICATION TABLE

Table # 5

5. Lets learn 5 × 5 = 25

A.  ×  =

B.

C. $5 \times 5 = 25$

$5 \times 3 = 3 \times 5 = 15$

Did you know this is called as commutative property for multiplication?

MULTIPLICATION TABLE

Table # 5

6. Lets learn 5 × 6 = 30

A.

B.

    ×   6

    5

C. | 5 × 6 = 30 |

| 5 × 4 = 4 × 5 = 20 |

Did you know this is called as commutative property for multiplication ?

MULTIPLICATION TABLE

Table # 5

7. Lets learn 5 × 7 = 35

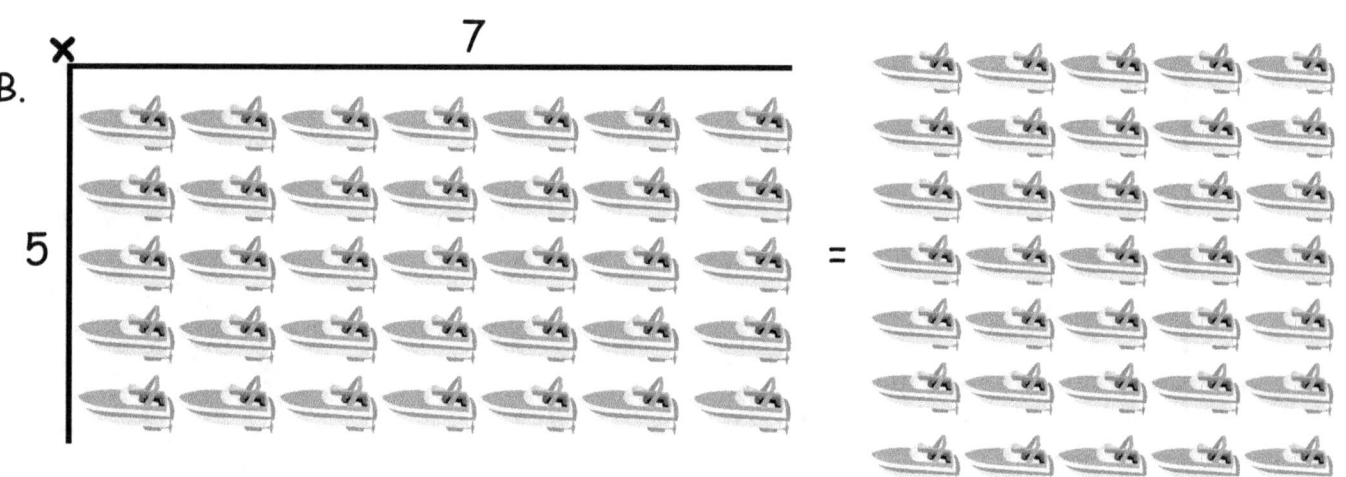

C. $5 \times 7 = 35$

MULTIPLICATION TABLE

Table # 5

8. Lets learn 5 × 8 = 40

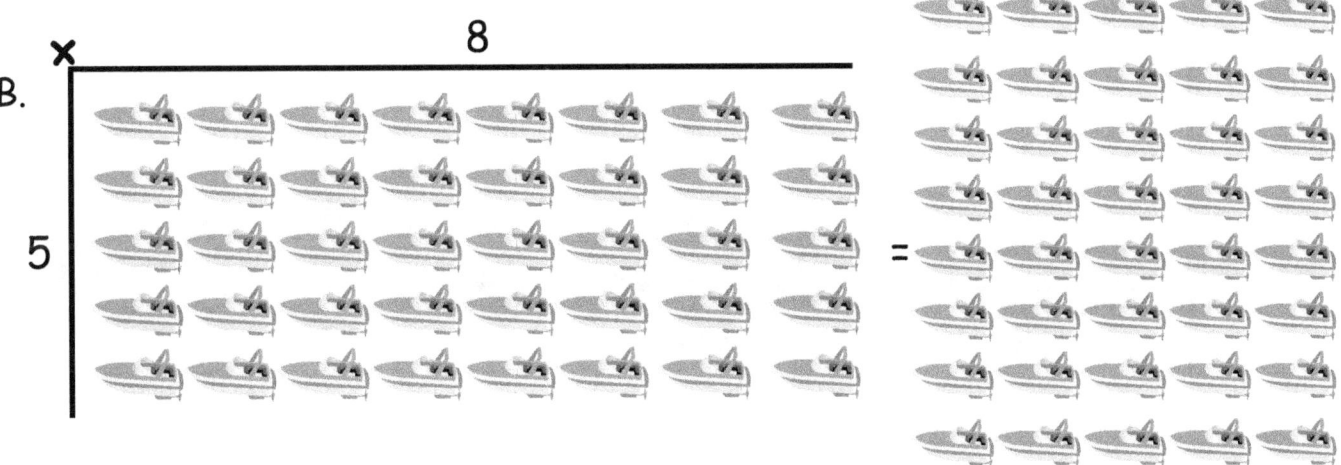

C. $5 \times 8 = 40$

Table # 5

9. Lets learn 5 × 9 = 45

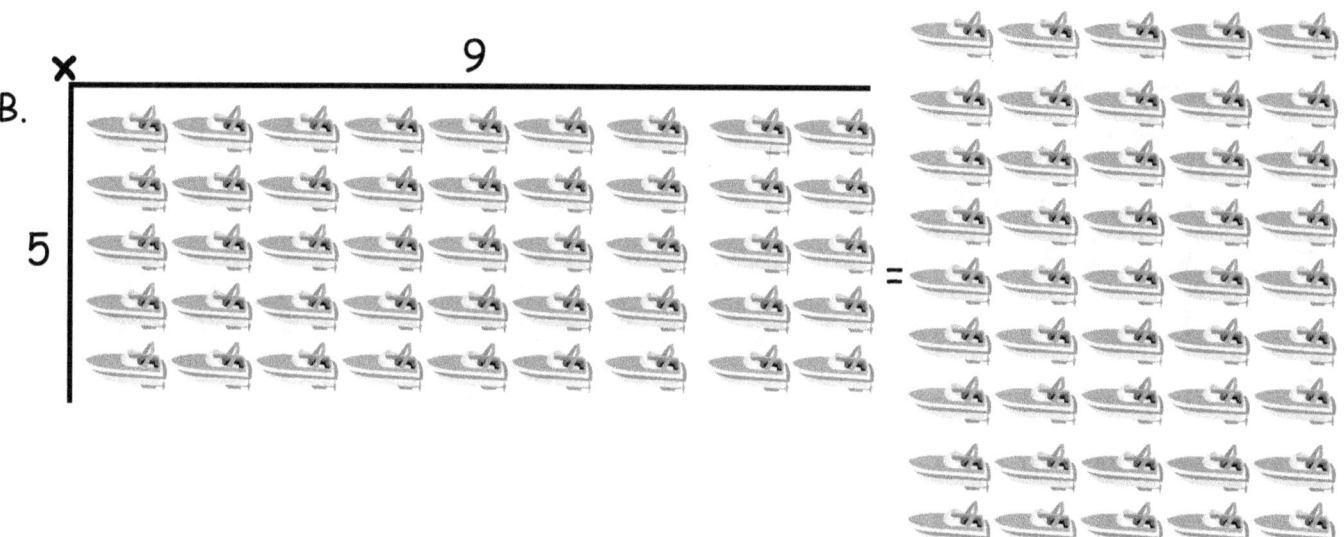

C. $\boxed{5 \times 9 = 45}$

MULTIPLICATION TABLE

Table # 5

10. Lets learn 5 × 10 = 50

A.

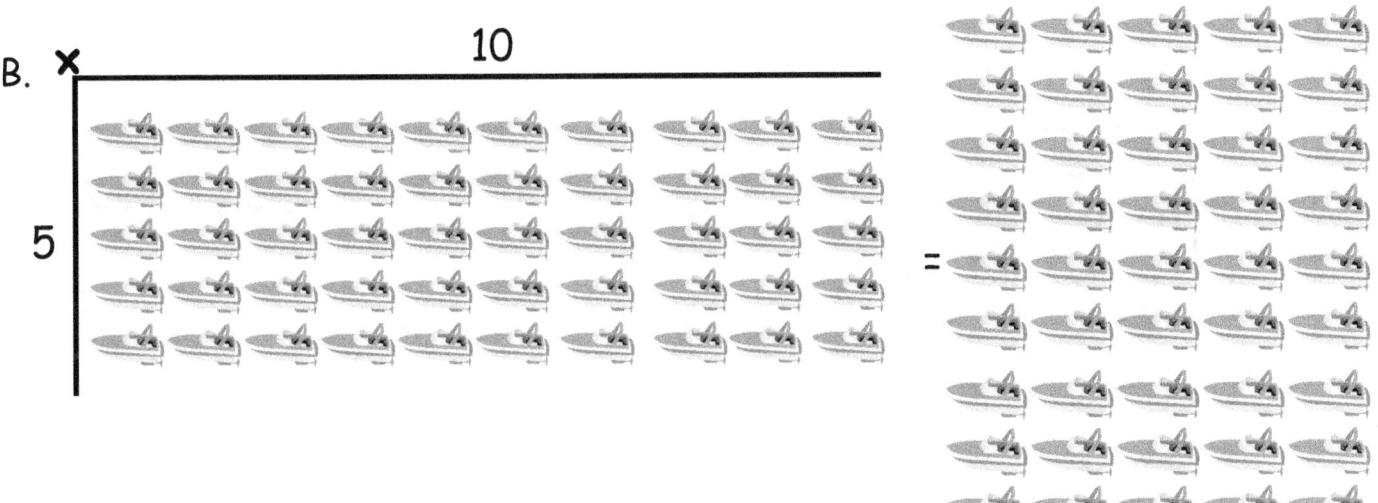

B.

C. $\boxed{5 \times 10 = 50}$

MULTIPLICATION TABLE

Table # 5

11. Lets learn 5 × 11 = 55

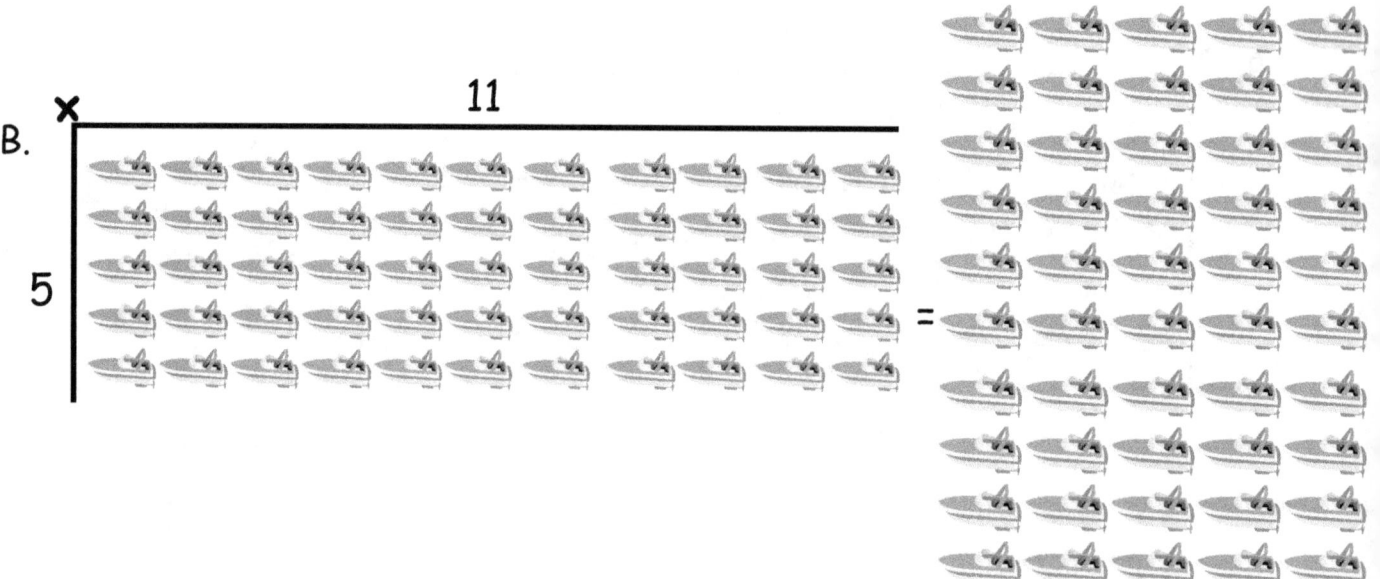

C. $5 \times 11 = 55$

Table # 5

12. Lets learn 5 × 12 = 60

A.

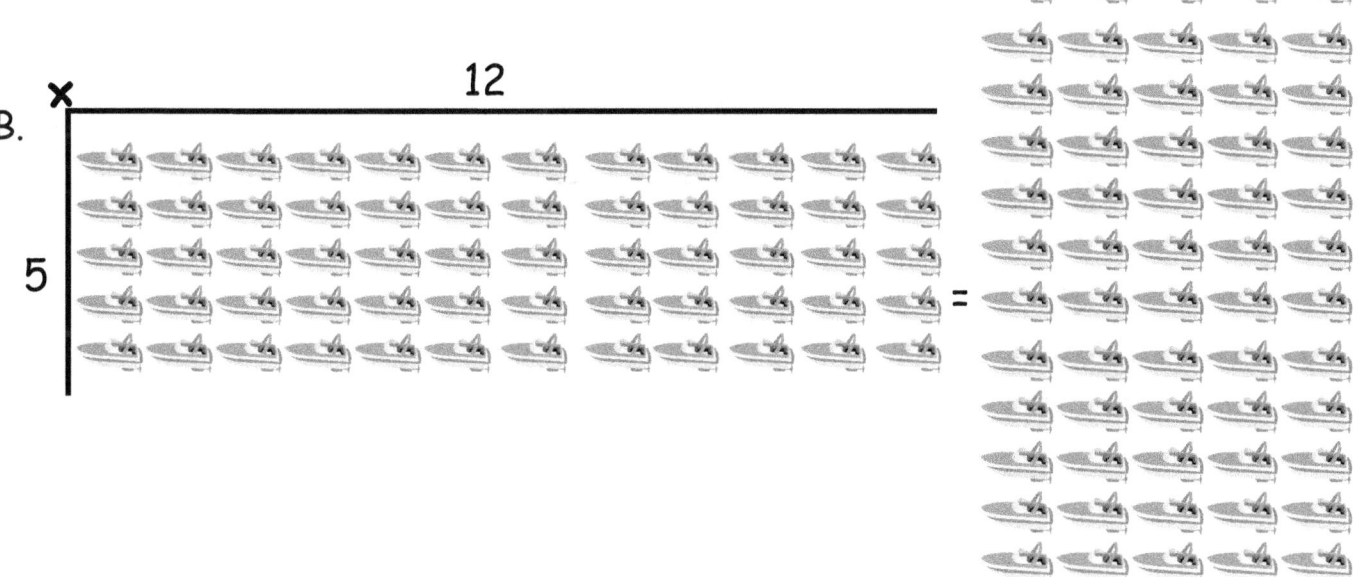

B.

C. $5 \times 12 = 60$

MULTIPLICATION FACTS

Table # 5

Exercise - 1

(A) 5 × 0

(B) 5 × 1

(C) 5 × 2

(D) 5 × 3

(E) 5 × 4

(F) 5 × 5

(G) 5 × 6

(H) 5 × 7

(I) 5 × 8

(J) 5 × 9

(K) 5 × 10

(L) 5 × 11

(M) 5 × 12

MULTIPLICATION FACTS

Table # 5

Exercise - 2

Match the below multiplication facts

					Answer
a	5 × 3	n	55		_____
b	5 × 9	o	60		_____
c	5 × 4	p	20		_____
d	5 × 0	q	10		_____
e	5 × 11	r	15		_____
f	5 × 5	s	5		_____
g	5 × 2	t	0		_____
h	5 × 7	u	35		_____
i	5 × 10	v	25		_____
j	5 × 12	w	50		_____
k	5 × 8	x	30		_____
l	5 × 1	y	40		_____
m	5 × 6	z	45		_____

©All rights reserved-Math-Knots LLC., VA-USA   www.math-knots.com

Exercise - 3

1. I am a number, when I double myself, am equal to 10. What am I?

   (A) 2 (B) 10

   (C) 5 (D) 0

2. I am a number, when I increase myself 8 times, am equal to 40. What am I?

   (A) 5 (B) 16

   (C) 8 (D) 1

3. I am a number, when I increase myself 10 times, am equal to 50. What am I?

   (A) 50 (B) 2

   (C) 10 (D) 5

4. I am a number, when I triple myself, am equal to 15. What am I?

   (A) 2 (B) 5

   (C) 15 (D) 0

5. I am a number, when I increase myself 6 times, am equal to 30. What am I?

   (A) 6 (B) 5

   (C) 30 (D) 10

MULTIPLICATION FACTS

Table # 5

6. I am a number, when I increase myself 12 times, am equal to 60. What am I ?

   (A) 5   (B) 6

   (C) 12   (D) 60

7. I am a number, when I increase myself 5 times, am equal to 25. What am I ?

   (A) 0   (B) 25

   (C) 1   (D) 5

8. I am a number, when I increase myself 11 times, am equal to 55. What am I ?

   (A) 11   (B) 0

   (C) 55   (D) 5

9. I am a number, when I quadrupole myself, am equal to 20. What am I ?

   (A) 1   (B) 20

   (C) 5   (D) 4

MULTIPLICATION FACTS

Table # 5

10. I am a number, when I increase myself 7 times, am equal to 35. What am I?

    (A) 7   (B) 5

    (C) 30   (D) 2

11. I am a number, when I increase myself 9 times, am equal to 45. What am I?

    (A) 45   (B) 25

    (C) 20   (D) 5

Exercise - 4

Solve the maze run below.

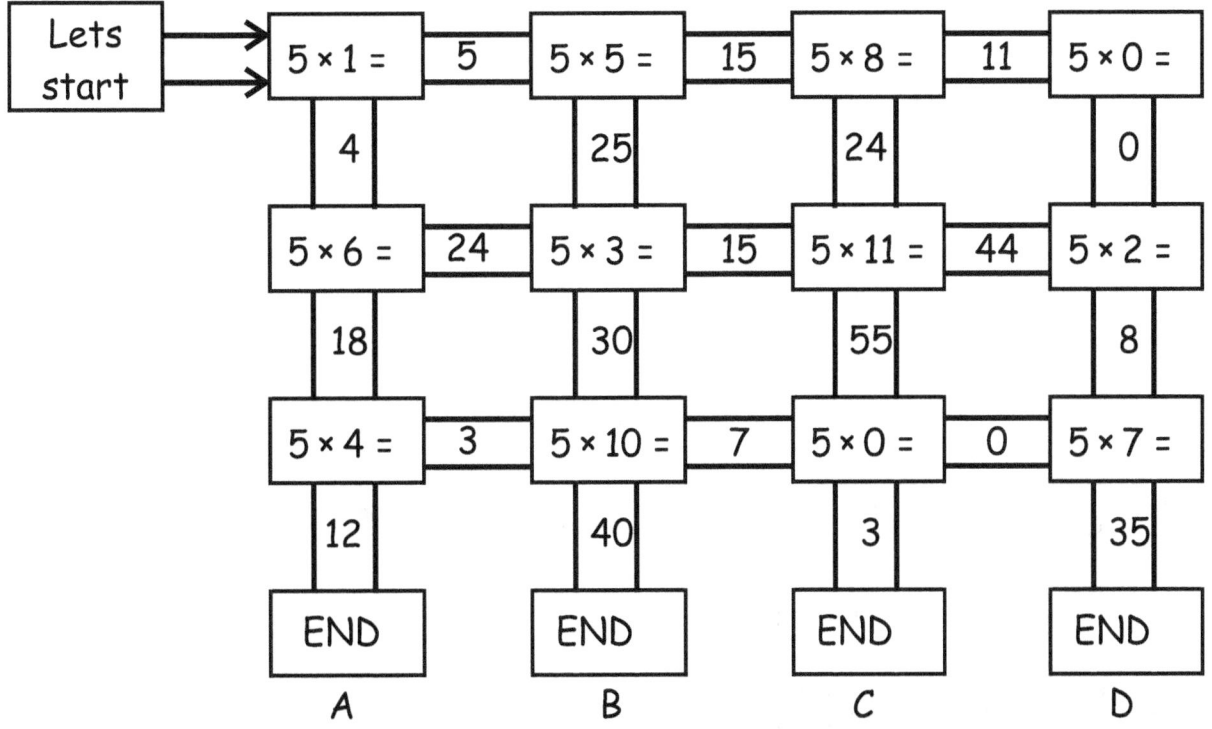

Who won the race? _____

MULTIPLICATION FACTS

Table # 5

Exercise - 5

1. 5 × ☐ = 5   then ☐ = _____
2. 5 × ☐ = 10   then ☐ = _____
3. 5 × ☐ = 15   then ☐ = _____
4. 5 × ☐ = 20   then ☐ = _____
5. 5 × ☐ = 25   then ☐ = _____
6. 5 × ☐ = 30   then ☐ = _____
7. 5 × ☐ = 35   then ☐ = _____
8. 5 × ☐ = 40   then ☐ = _____
9. 5 × ☐ = 45   then ☐ = _____
10. 5 × ☐ = 50   then ☐ = _____
11. 5 × ☐ = 55   then ☐ = _____
12. 5 × ☐ = 60   then ☐ = _____

Hey you are an expert of table 5!!!

MULTIPLICATION TABLE

Table # 6

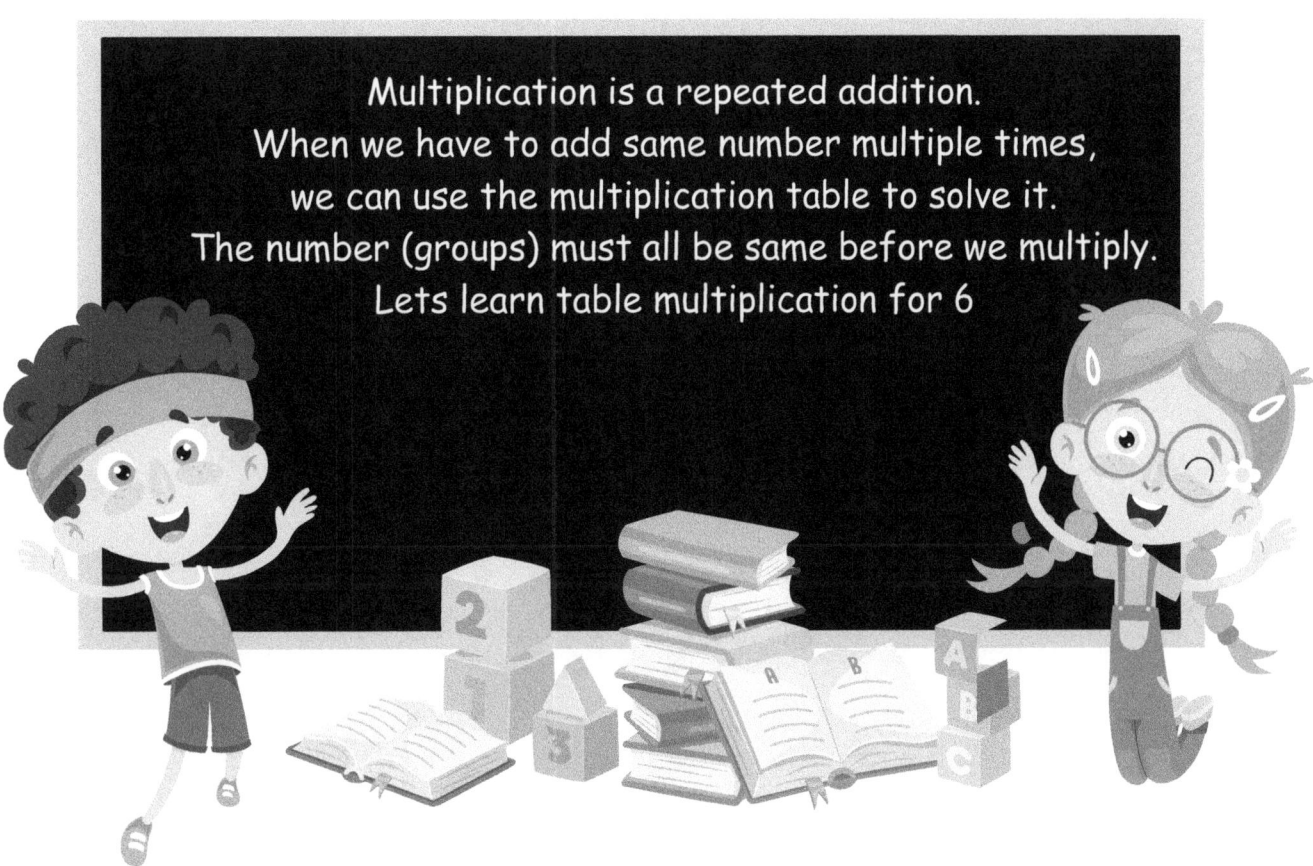

Multiplication is a repeated addition.
When we have to add same number multiple times,
we can use the multiplication table to solve it.
The number (groups) must all be same before we multiply.
Lets learn table multiplication for 6

MULTIPLICATION TABLE

Table # 6

1. Lets learn 6 × 1 = 6

A.   × =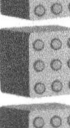

B.

$$\begin{array}{c|c} \times & 1 \\ \hline 6 \end{array}$$

=

C. $\boxed{6 \times 1 = 6}$

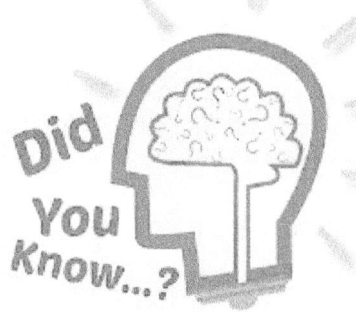

$\boxed{6 \times 1 = 1 \times 6 = 6}$

Did you know this is called as commutative property for multiplication ?

MULTIPLICATION TABLE

Table # 6

2. Lets learn 6 × 2 = 12

A.

B.

C. $6 \times 2 = 12$

Did You Know...?

$6 \times 2 = 2 \times 6 = 12$

Did you know this is called as commutative property for multiplication?

MULTIPLICATION TABLE

Table # 6

3. Lets learn 6 × 3 = 18

A.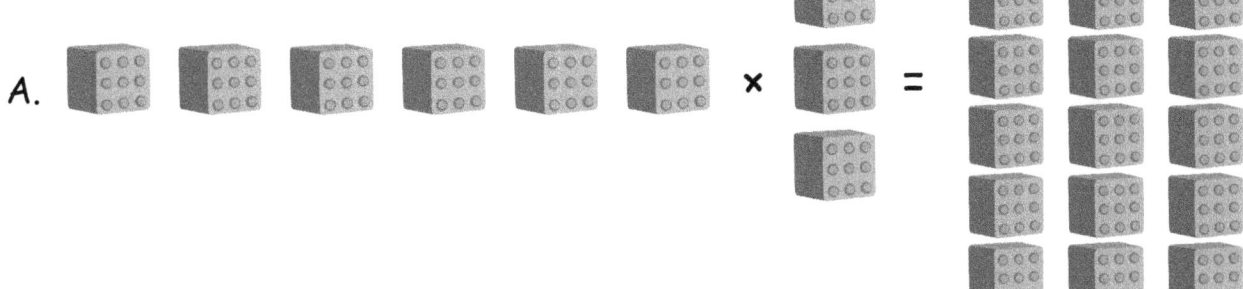

B.

C. $6 \times 3 = 18$

$6 \times 3 = 3 \times 6 = 18$

Did you know this is called as commutative property for multiplication ?

MULTIPLICATION TABLE

Table # 6

4. Lets learn 6 × 4 = 24

A.

B.

C. $6 \times 4 = 24$

Did You Know...?

$6 \times 4 = 4 \times 6 = 24$

Did you know this is called as commutative property for multiplication?

Table # 6

5. Lets learn 6 × 5 = 30

A. 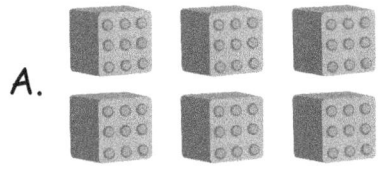 ×  =

B. 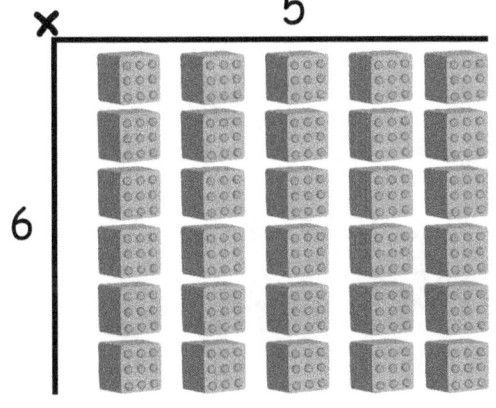 =

C. $6 \times 5 = 30$

$6 \times 5 = 5 \times 6 = 30$

Did you know this is called as commutative property for multiplication ?

MULTIPLICATION TABLE

Table # 6

6. Lets learn 6 × 6 = 36

A. 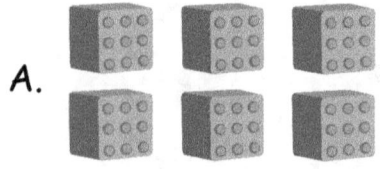 × 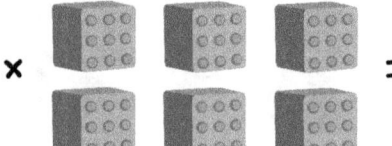 =

B.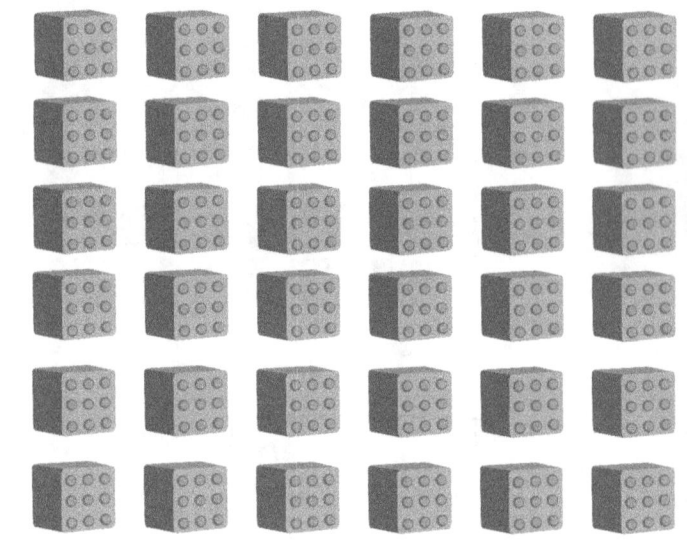

C. $\boxed{6 \times 6 = 36}$

MULTIPLICATION TABLE

Table # 6

7. Lets learn 6 × 7 = 42

A.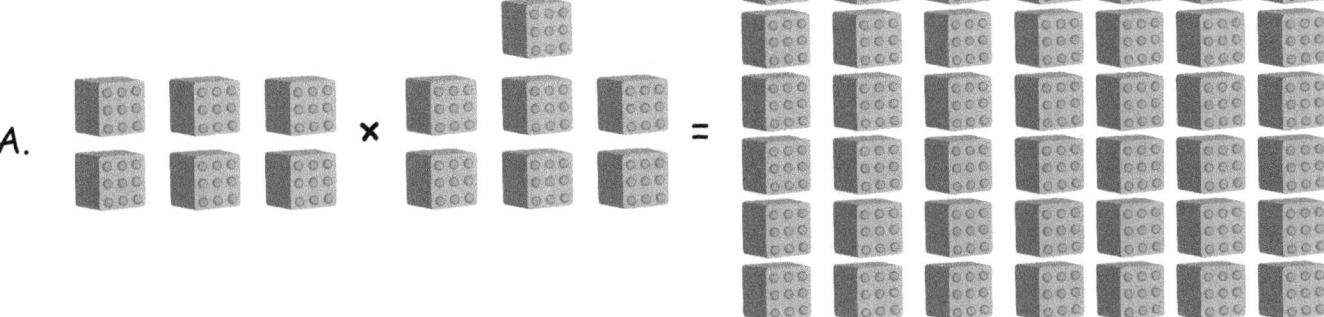

B.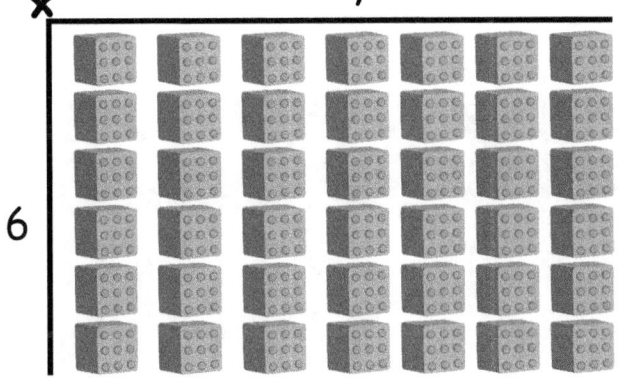

C. $6 \times 7 = 42$

MULTIPLICATION TABLE

Table # 6

8. Lets learn 6 × 8 = 48

A.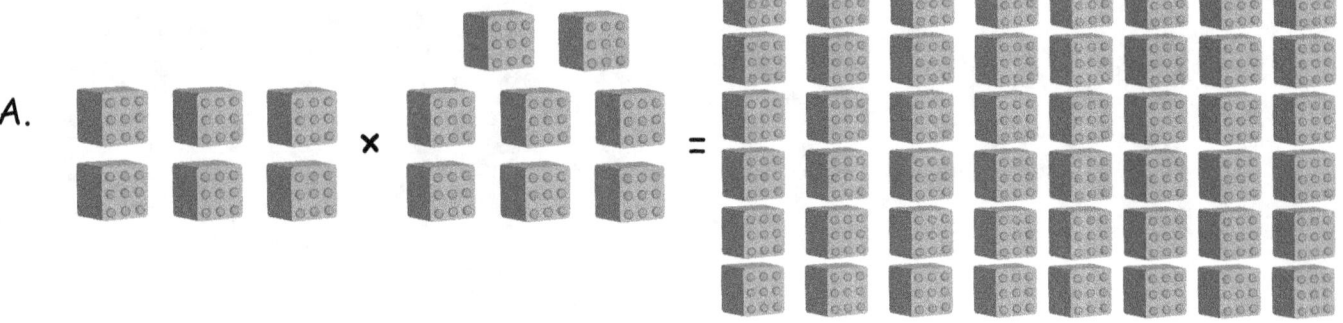

B.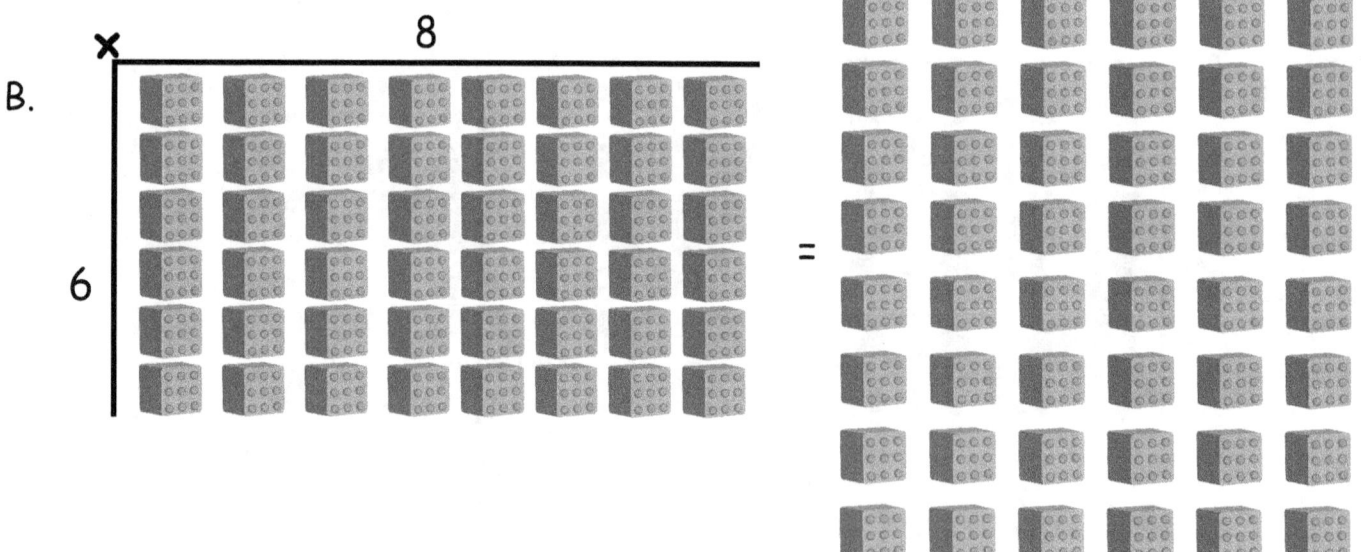

C. $6 \times 8 = 48$

MULTIPLICATION TABLE

Table # 6

9. Lets learn 6 × 9 = 54

A.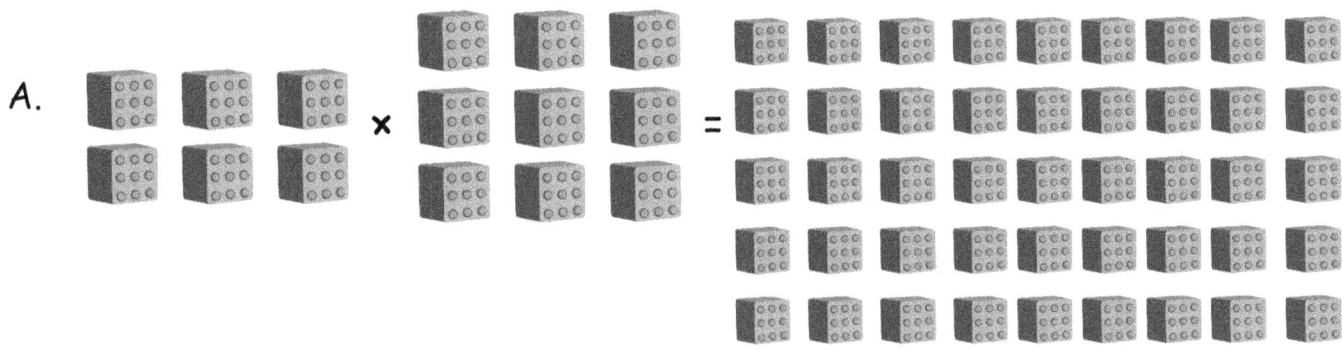

B.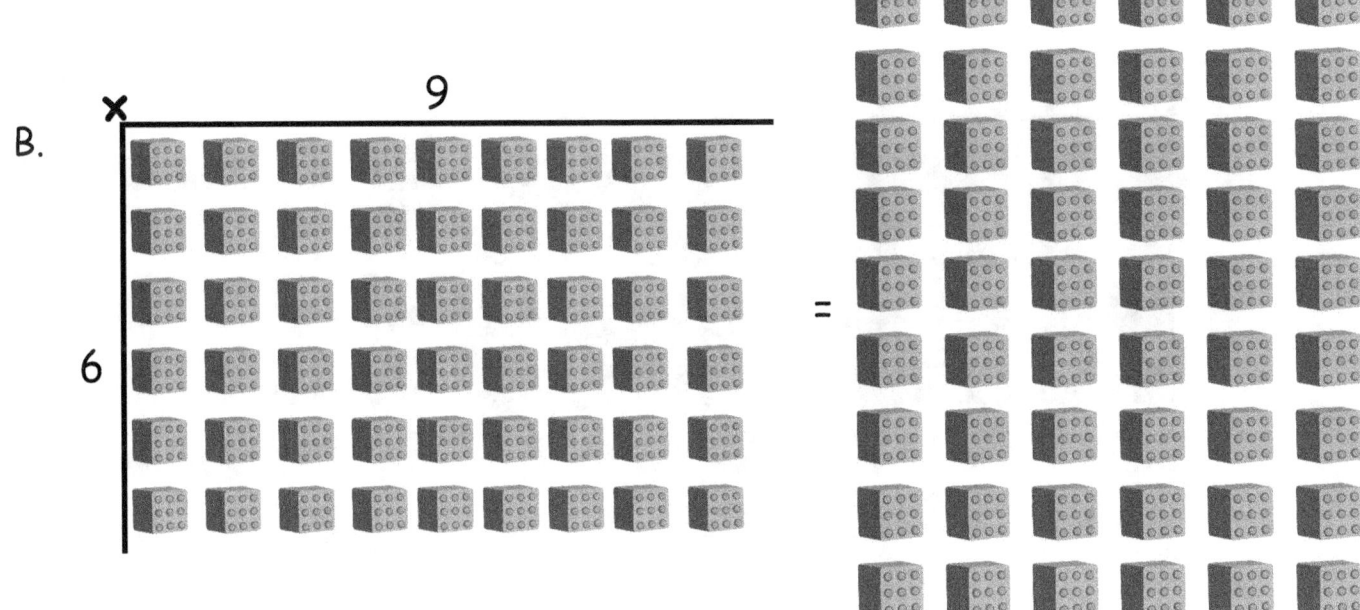

C. $\boxed{6 \times 9 = 54}$

MULTIPLICATION TABLE

Table # 6

10. Lets learn 6 × 10 = 60

A.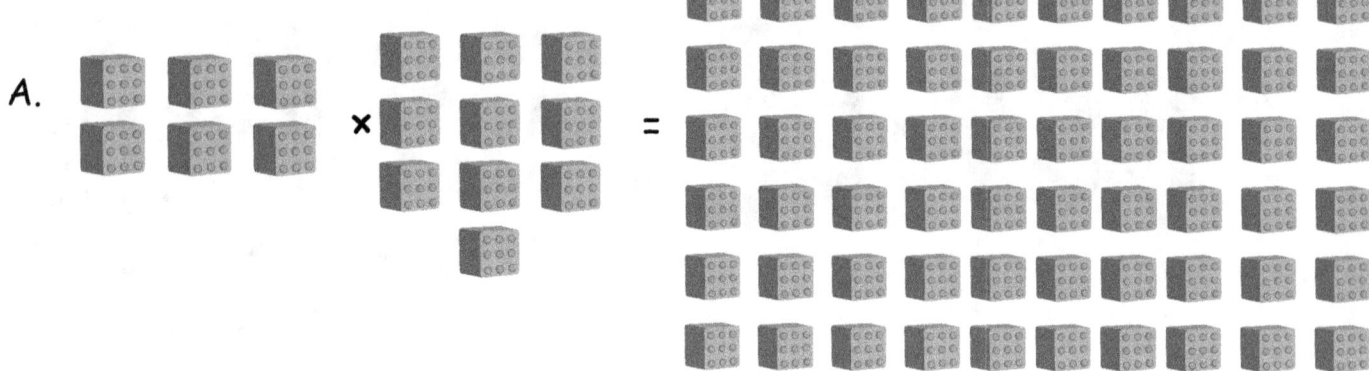

B.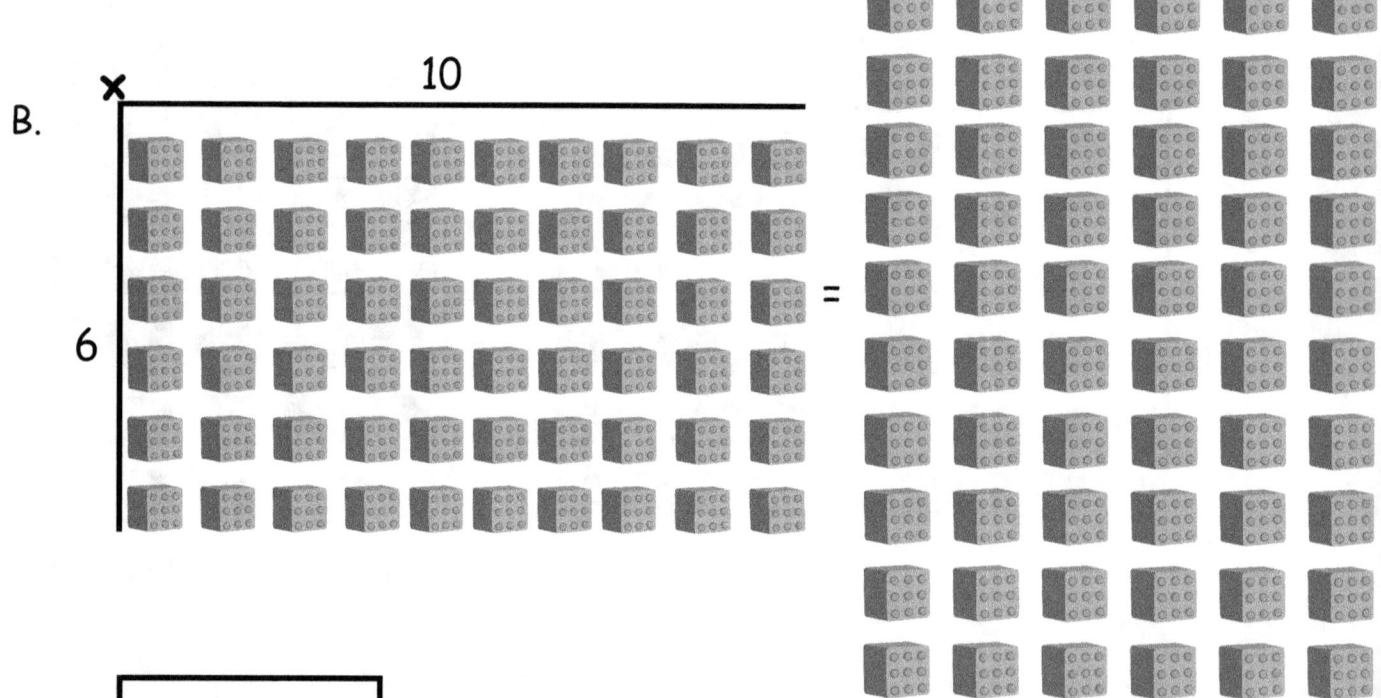

C. $\boxed{6 \times 10 = 60}$

MULTIPLICATION TABLE

Table # 6

11. Lets learn 6 × 11 = 66

A.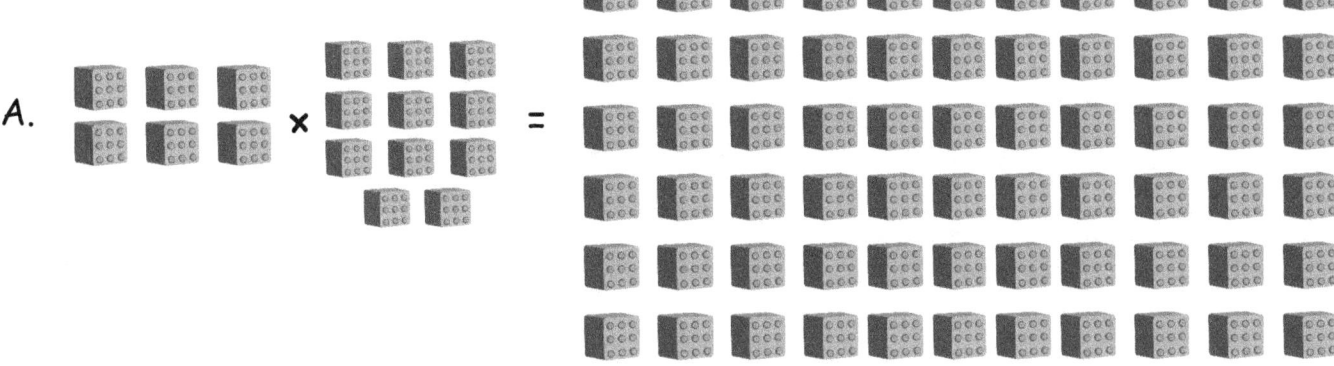

B.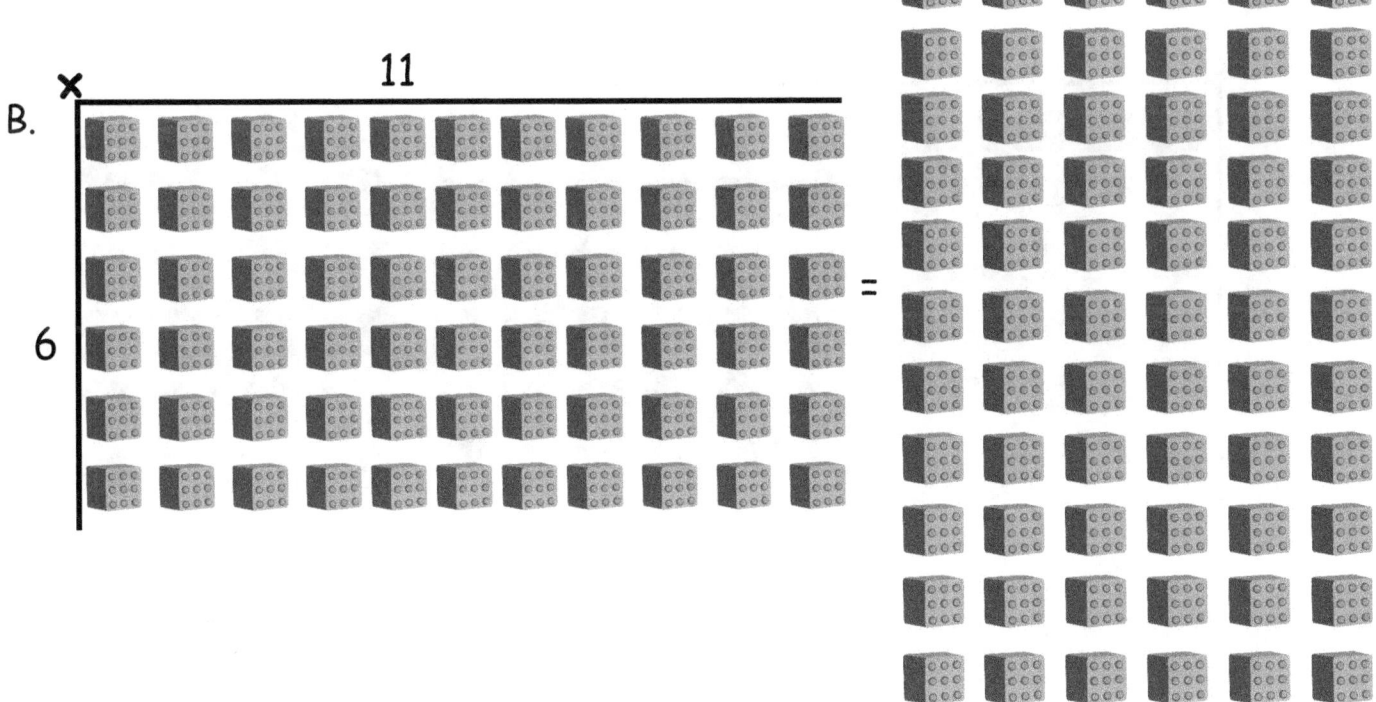

C. $\boxed{6 \times 11 = 66}$

MULTIPLICATION TABLE

Table # 6

12. Lets learn 6 × 12 = 72

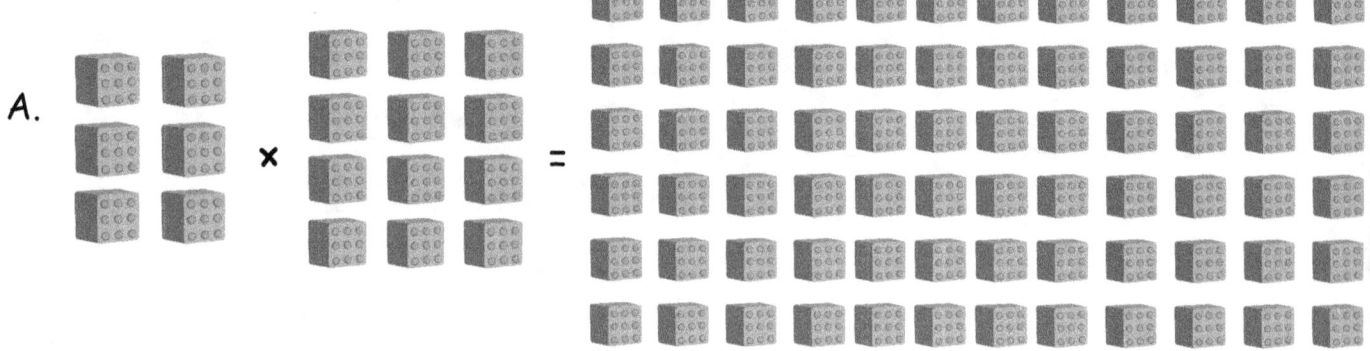

A.

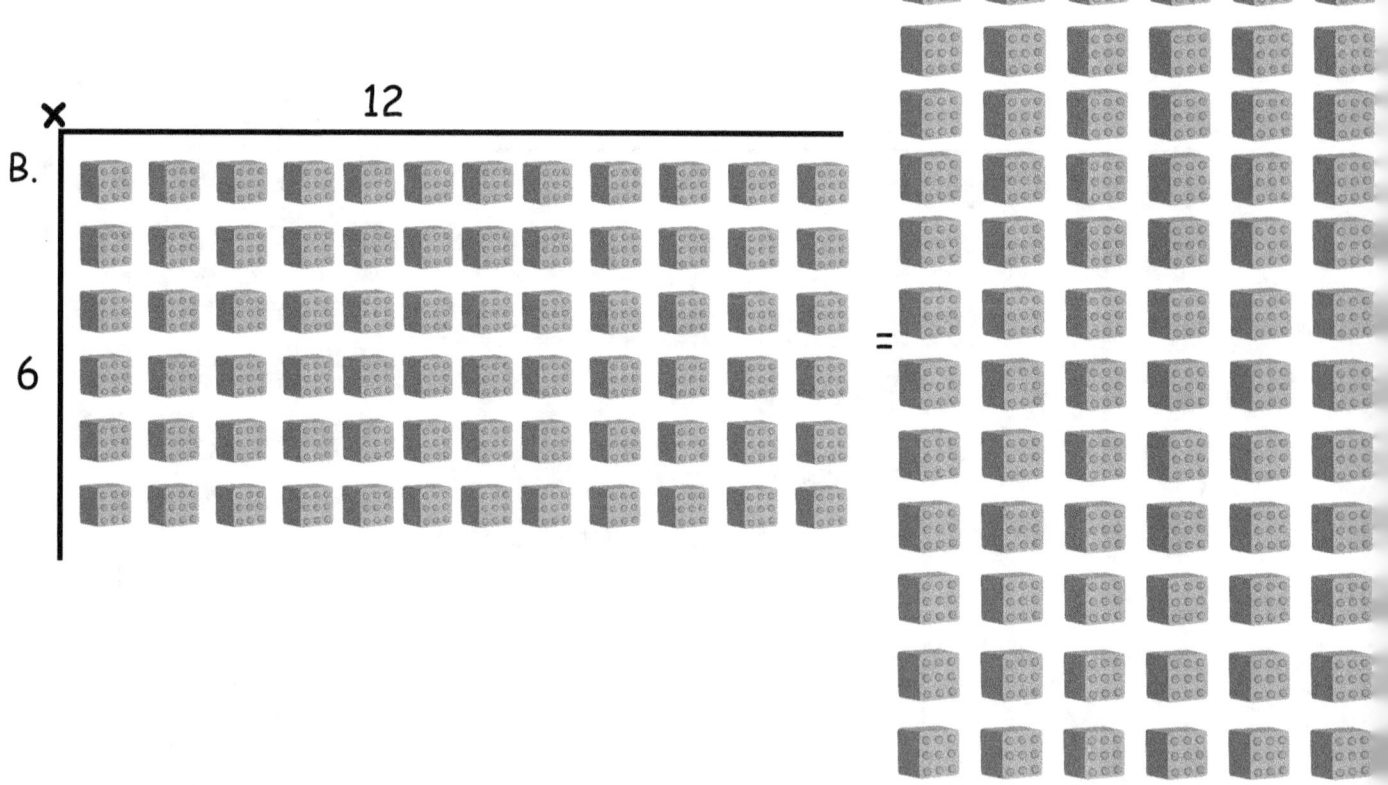

B.

C. $6 \times 12 = 72$

Exercise - 1

(A) 6 × 0

(B) 6 × 1

(C) 6 × 2

(D) 6 × 3

(E) 6 × 4

(F) 6 × 5

(G) 6 × 6

(H) 6 × 7

(I) 6 × 8

(J) 6 × 9

(K) 6 × 10

(L) 6 × 11

(M) 6 × 12

Table # 6

MULTIPLICATION FACTS

Table # 6

Exercise - 2

Match the below multiplication facts

Answer

a	6 × 3		n	0		_____
b	6 × 9		o	24		_____
c	6 × 4		p	12		_____
d	6 × 0		q	54		_____
e	6 × 11		r	20		_____
f	6 × 5		s	72		_____
g	6 × 2		t	30		_____
h	6 × 7		u	18		_____
i	6 × 10		v	36		_____
j	6 × 12		w	6		_____
k	6 × 8		x	66		_____
l	6 × 1		y	60		_____
m	6 × 6		z	24		_____

Exercise - 3

1. I am a number, when I double myself, am equal to 12. What am I ?

   (A) 6   (B) 4

   (C) 10   (D) 0

2. I am a number, when I increase myself 8 times, am equal to 48. What am I?

   (A) 4   (B) 8

   (C) 5   (D) 6

3. I am a number, when I increase myself 10 times, am equal to 60. What am I ?

   (A) 0   (B) 3

   (C) 6   (D) 7

4. I am a number, when I triple myself, am equal to 18. What am I ?

   (A) 6   (B) 20

   (C) 16   (D) 8

5. I am a number, when I increase myself 6 times, am equal to 36. What am I ?

   (A) 5   (B) 6

   (C) 7   (D) 36

MULTIPLICATION FACTS

Table # 6

6. I am a number, when I increase myself 12 times, am equal to 72 What am I ?

   (A) 0   (B) 12

   (C) 6   (D) 22

7. I am a number, when I increase myself 5 times, am equal to 30. What am I ?

   (A) 6   (B) 15

   (C) 5   (D) 12

8. I am a number, when I increase myself 11 times, am equal to 66. What am I ?

   (A) 8   (B) 3

   (C) 4   (D) 6

9. I am a number, when I quadrupole myself, am equal to 24. What am I ?

   (A) 3   (B) 6

   (C) 4   (D) 14

MULTIPLICATION FACTS

Table # 6

10. I am a number, when I increase myself 7 times, am equal to 42. What am I ?

    (A) 6　　　　　　　　　　(B) 12

    (C) 11　　　　　　　　　 (D) 3

11. I am a number, when I increase myself 9 times, am equal to 54. What am I ?

    (A) 0　　　　　　　　　　(B) 9

    (C) 5　　　　　　　　　　(D) 6

MULTIPLICATION FACTS

Table # 6

Exercise - 4

Solve the maze run below.

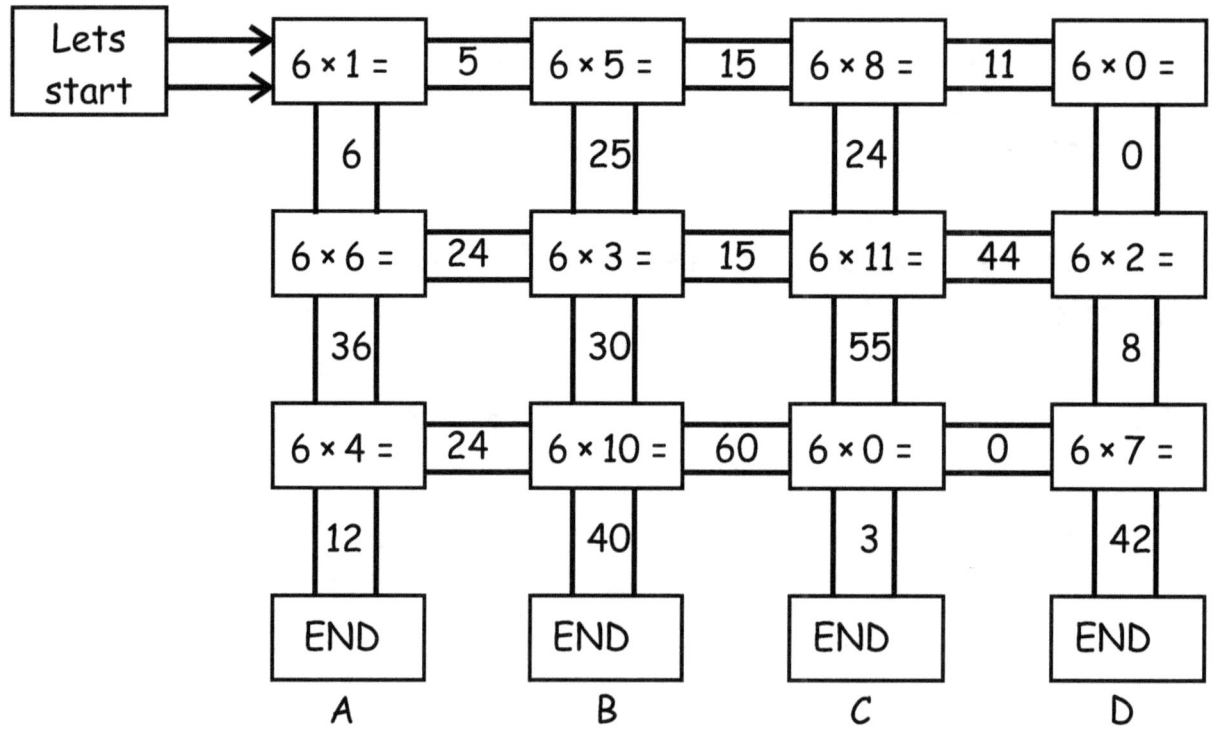

Who won the race ? _____

MULTIPLICATION FACTS

Table # 6

Exercise - 5

1. 6 × ☐ = 6   then ☐ = _____
2. 6 × ☐ = 12 then ☐ = _____
3. 6 × ☐ = 18 then ☐ = _____
4. 6 × ☐ = 24 then ☐ = _____
5. 6 × ☐ = 30 then ☐ = _____
6. 6 × ☐ = 36 then ☐ = _____
7. 6 × ☐ = 42 then ☐ = _____
8. 6 × ☐ = 48 then ☐ = _____
9. 6 × ☐ = 54 then ☐ = _____
10. 6 × ☐ = 60 then ☐ = _____
11. 6 × ☐ = 66 then ☐ = _____
12. 6 × ☐ = 72 then ☐ = _____

Hey you are an expert of table 6!!!

MULTIPLICATION TABLE

Table # 7

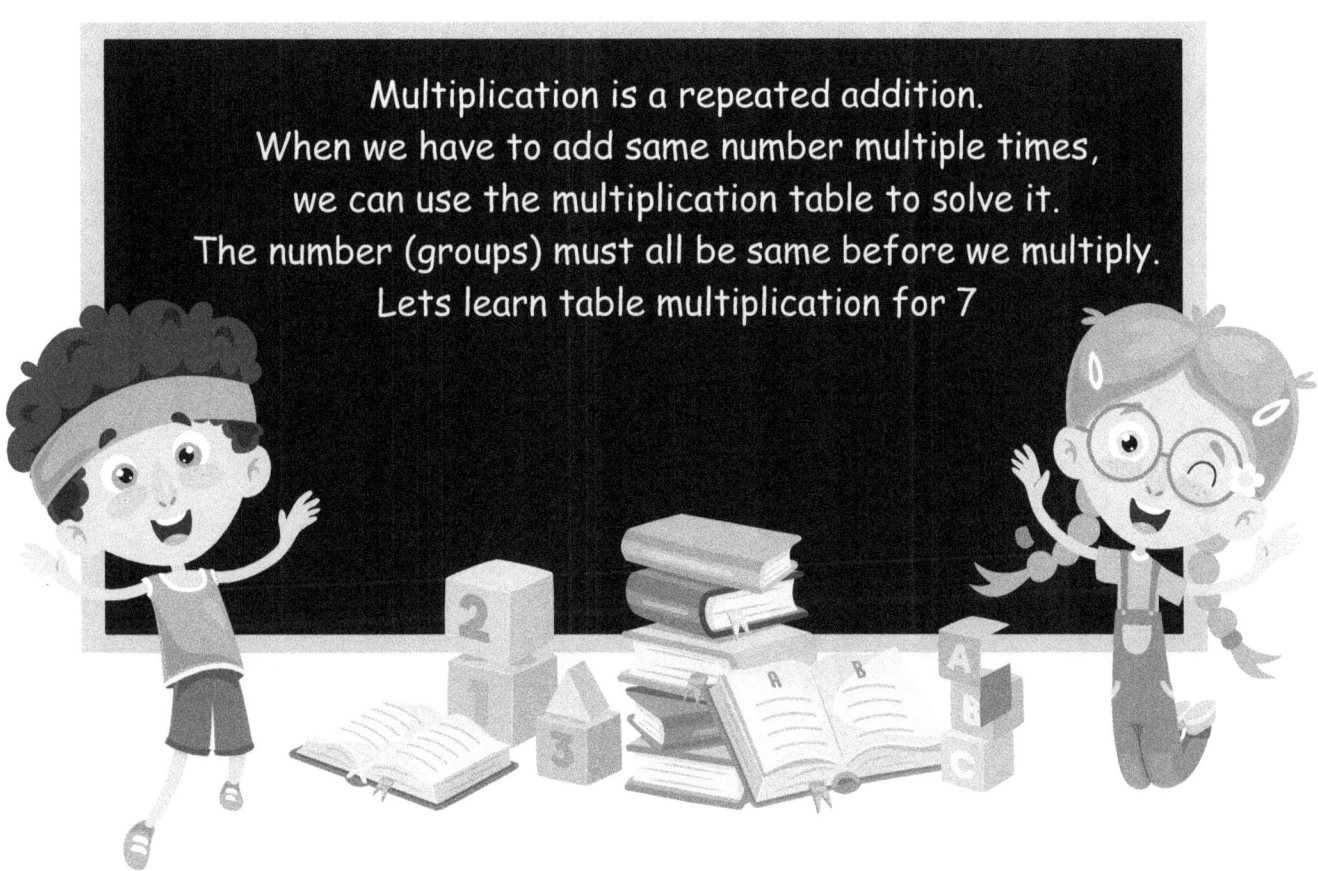

Multiplication is a repeated addition.
When we have to add same number multiple times,
we can use the multiplication table to solve it.
The number (groups) must all be same before we multiply.
Lets learn table multiplication for 7

MULTIPLICATION TABLE

Table # 7

1. Lets learn 7 × 1 = 7

A.  ×  =

B.
```
 × 1
 ───
 7
```
=

C. | 7 × 1 = 7 |

| 7 × 1 = 1 × 7 = 7 |

Did you know this is called as commutative property for multiplication ?

MULTIPLICATION TABLE

Table # 7

2. Lets learn 7 × 2 = 14

A. 🦆🦆🦆🦆🦆🦆🦆 × 🦆🦆 =

B. 7 × 2 =

C. | 7 × 2 = 14 |

Did you know...?

| 7 × 2 = 2 × 7 = 14 |

Did you know this is called as commutative property for multiplication ?

MULTIPLICATION TABLE

Table # 7

3. Lets learn 7 × 3 = 21

A.

B.

C. $7 \times 3 = 21$

$7 \times 3 = 3 \times 7 = 21$

Did you know this is called as commutative property for multiplication ?

MULTIPLICATION TABLE

Table # 7

4. Lets learn 7 × 4 = 28

A.

B.

C. $\boxed{7 \times 4 = 28}$

$\boxed{7 \times 4 = 4 \times 7 = 28}$

Did you know this is called as commutative property for multiplication?

MULTIPLICATION TABLE — Table # 7

5. Lets learn 7 × 5 = 35

A. (7 ducks) × (5 ducks) = (35 ducks)

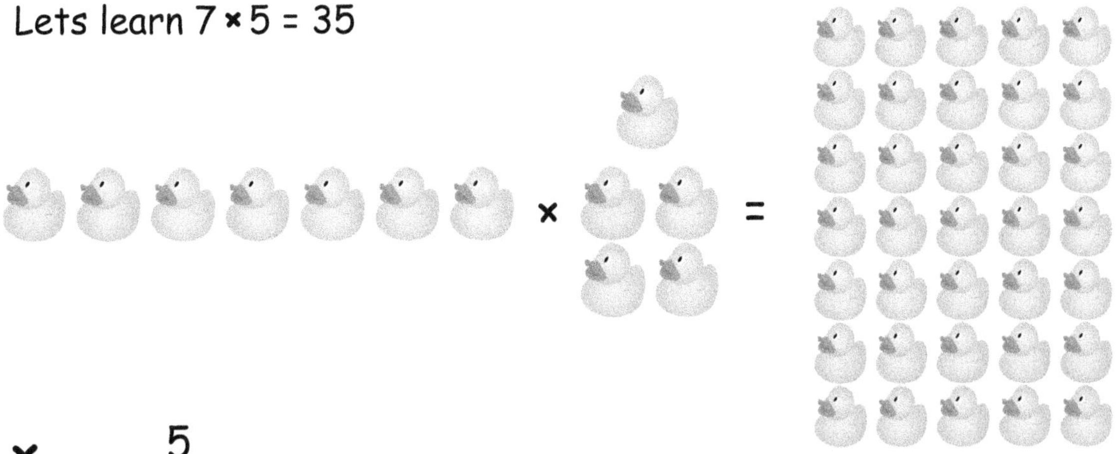

B.
× 5
7 (7 × 5 array of ducks) = (35 ducks)

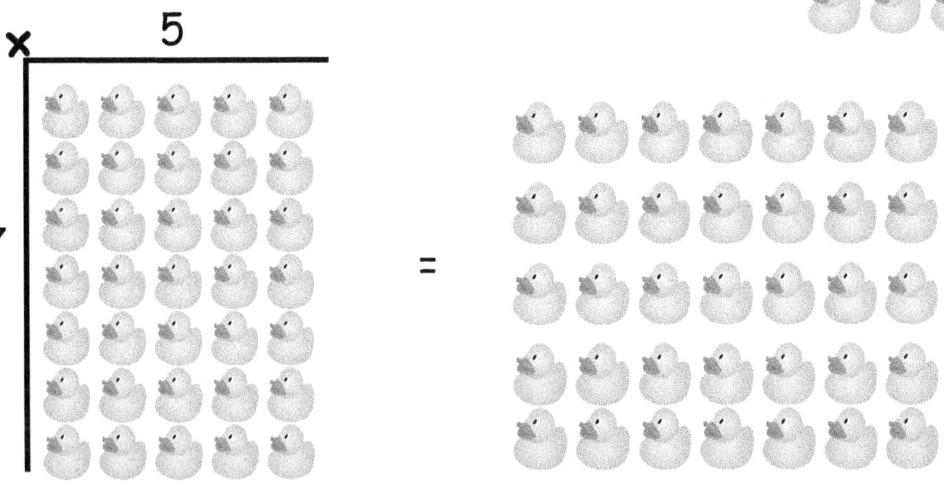

C. $\boxed{7 \times 5 = 35}$

$\boxed{7 \times 5 = 5 \times 7 = 35}$

Did you know this is called as commutative property for multiplication?

MULTIPLICATION TABLE
Table # 7

6. Lets learn 7 × 6 = 42

A. 🦆🦆🦆🦆🦆🦆🦆 × 🦆🦆🦆🦆🦆🦆 =

B.
```
× ── 6 ──
7
```
=

C. 7 × 6 = 42

7 × 6 = 6 × 7 = 42

Did you know this is called as commutative property for multiplication ?

MULTIPLICATION TABLE

Table # 7

7. Lets learn 7 × 7 = 49

A. 🦆🦆🦆🦆🦆🦆🦆 × 🦆🦆🦆🦆🦆🦆🦆 = 🦆🦆🦆🦆🦆🦆🦆 (7×7 grid)

B.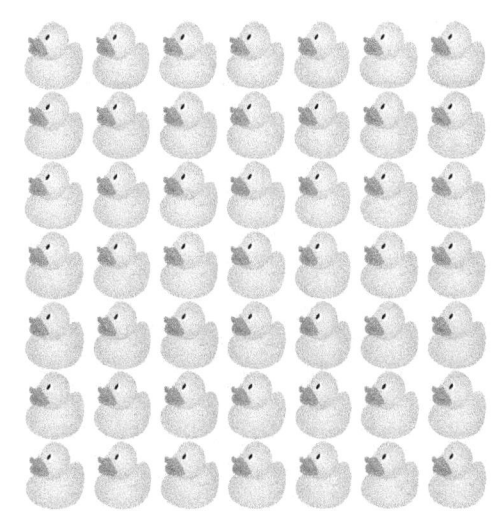

C. | 7 × 7 = 49 |

MULTIPLICATION TABLE

Table # 7

8. Lets learn 7 × 8 = 56

A.

B.

× | 8
7 |

=

C. $\boxed{7 \times 8 = 56}$

MULTIPLICATION TABLE

Table # 7

9. Lets learn 7 × 9 = 63

A.  × =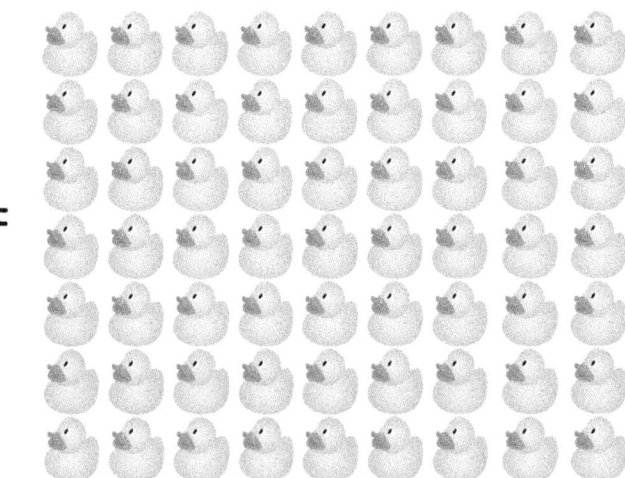

B.
× 9
7
=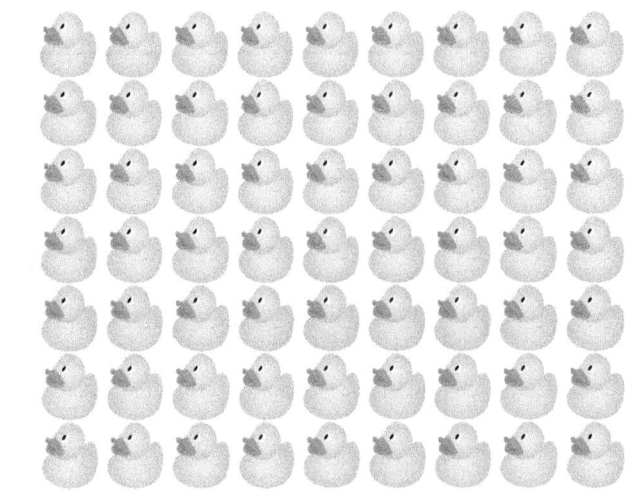

C. | 7 × 9 = 63 |

MULTIPLICATION TABLE

Table # 7

10. Lets learn 7 × 10 = 70

A.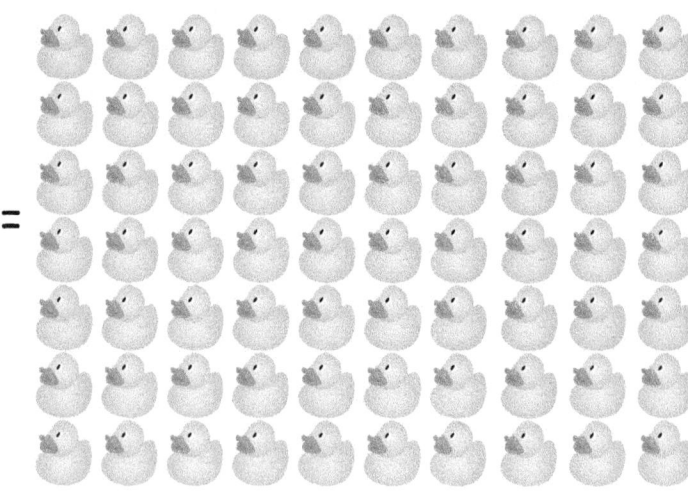

B.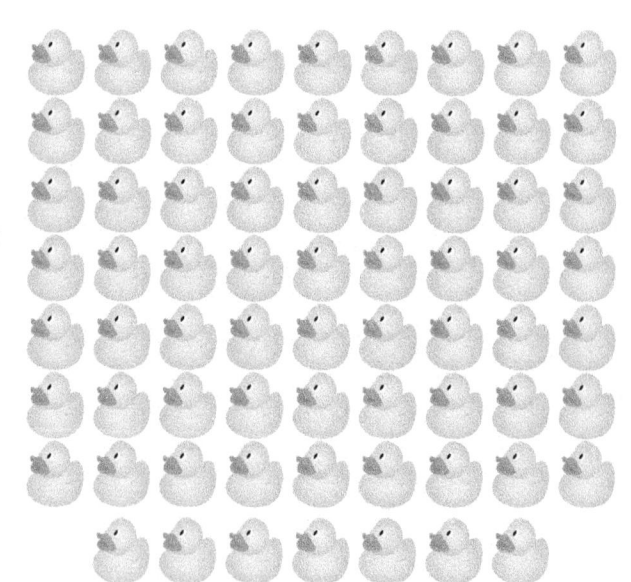

C. 7 × 10 = 70

MULTIPLICATION TABLE

Table # 7

11. Lets learn 7 × 11 = 77

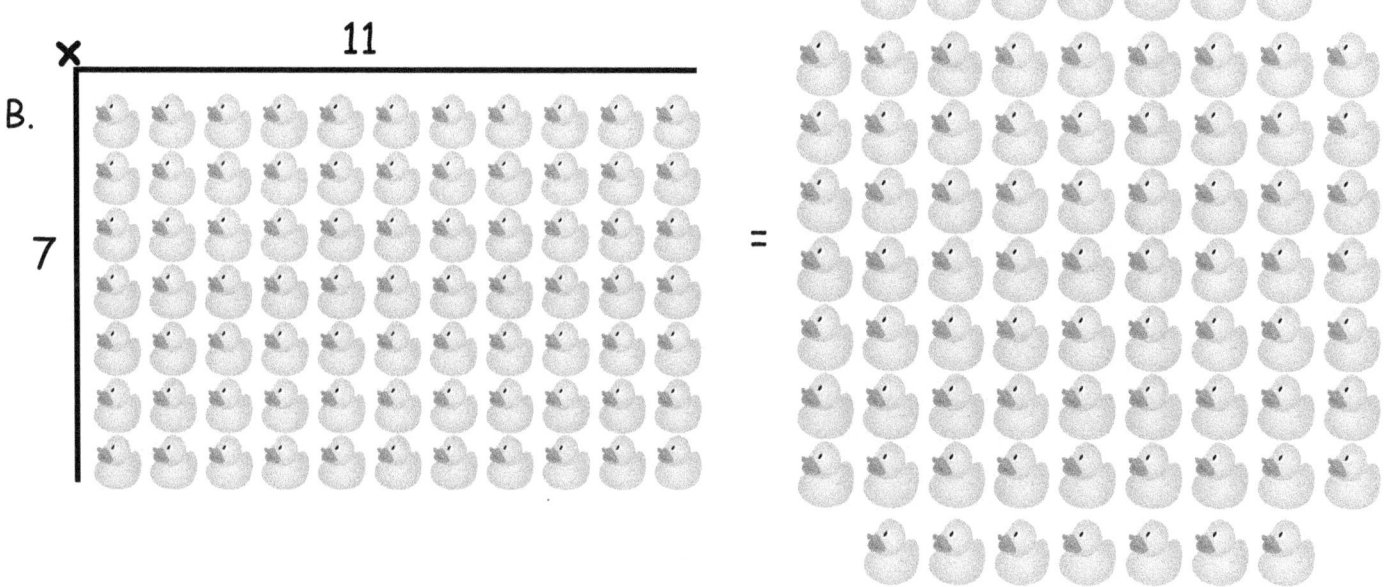

A.

B.

C. $\boxed{7 \times 11 = 77}$

Table #7

12. Lets learn 7 × 12 = 84

A.

B.

C. 7 × 12 = 84

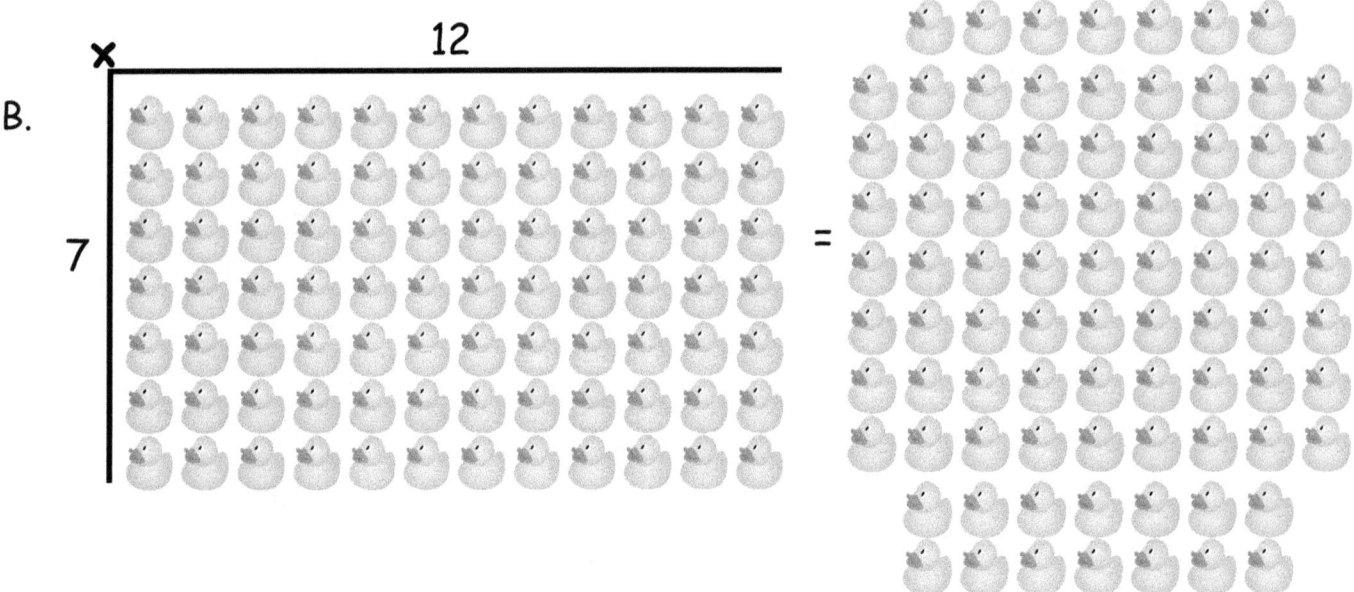

MULTIPLICATION FACTS

Table #7

Exercise - 1

(A) 7 × 0 = ____

(B) 7 × 1 = ____

(C) 7 × 2 = ____

(D) 7 × 3 = ____

(E) 7 × 4 = ____

(F) 7 × 5 = ____

(G) 7 × 6 = ____

(H) 7 × 7 = ____

(I) 7 × 8 = ____

(J) 7 × 9 = ____

(K) 7 × 10 = ____

(L) 7 × 11 = ____

(M) 7 × 12 = ____

MULTIPLICATION FACTS

Table # 7

Exercise - 2

Match the below multiplication facts

					Answer
a	7 × 3	n	28		_____
b	7 × 9	o	0		_____
c	7 × 4	p	49		_____
d	7 × 0	q	63		_____
e	7 × 11	r	70		_____
f	7 × 5	s	21		_____
g	7 × 2	t	84		_____
h	7 × 7	u	77		_____
i	7 × 10	v	42		_____
j	7 × 12	w	35		_____
k	7 × 8	x	14		_____
l	7 × 1	y	7		_____
m	7 × 6	z	56		_____

Exercise - 3

1. I am a number, when I double myself, am equal to 14. What am I?

   (A) 7   (B) 2

   (C) 1   (D) 14

2. I am a number, when I increase myself 8 times, am equal to 56. What am I?

   (A) 48   (B) 23

   (C) 28   (D) 7

3. I am a number, when I increase myself 10 times, am equal to 70. What am I?

   (A) 10   (B) 7

   (C) 35   (D) 5

4. I am a number, when I triple myself, am equal to 21. What am I?

   (A) 3   (B) 21

   (C) 7   (D) 11

5. I am a number, when I increase myself 6 times, am equal to 42. What am I?

   (A) 6   (B) 21

   (C) 7   (D) 42

MULTIPLICATION FACTS

Table #7

6. I am a number, when I increase myself 12 times, am equal to 84. What am I ?

   (A) 7   (B) 42

   (C) 12   (D) 21

7. I am a number, when I increase myself 5 times, am equal to 35. What am I ?

   (A) 7   (B) 35

   (C) 5   (D) 0

8. I am a number, when I increase myself 11 times, am equal to 77. What am I ?

   (A) 0   (B) 35

   (C) 11   (D) 7

9. I am a number, when I quadrupole myself, am equal to 28. What am I ?

   (A) 4   (B) 7

   (C) 28   (D) 1

MULTIPLICATION FACTS

Table # 7

10. I am a number, when I increase myself 7 times, am equal to 49. What am I ?

   (A) 49
   (B) 0
   (C) 1
   (D) 7

11. I am a number, when I increase myself 9 times, am equal to 63. What am I ?

   (A) 63
   (B) 9
   (C) 7
   (D) 1

Exercise - 4

Solve the maze run below.

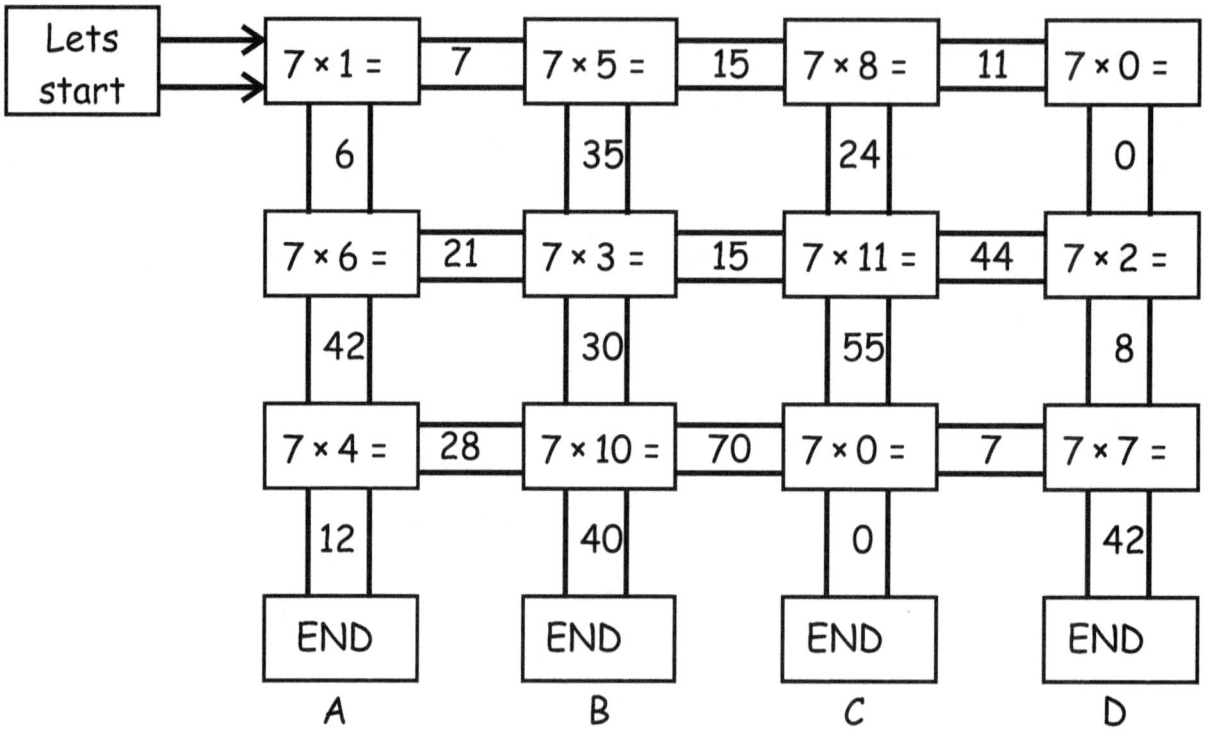

Who won the race ? _____

MULTIPLICATION FACTS

Table # 7

Exercise - 5

1. 7 × ☐ = 7   then ☐ = _____
2. 7 × ☐ = 14 then ☐ = _____
3. 7 × ☐ = 21 then ☐ = _____
4. 7 × ☐ = 28 then ☐ = _____
5. 7 × ☐ = 35 then ☐ = _____
6. 7 × ☐ = 42 then ☐ = _____
7. 7 × ☐ = 49 then ☐ = _____
8. 7 × ☐ = 56 then ☐ = _____
9. 7 × ☐ = 63 then ☐ = _____
10. 7 × ☐ = 70 then ☐ = _____
11. 7 × ☐ = 77 then ☐ = _____
12. 7 × ☐ = 84 then ☐ = _____

Hey you are an expert of table 7!!!

MULTIPLICATION TABLE

Table # 8

Multiplication is a repeated addition.
When we have to add same number multiple times,
we can use the multiplication table to solve it.
The number (groups) must all be same before we multiply.
Lets learn table multiplication for 8

MULTIPLICATION TABLE

Table # 8

1. Lets learn 8 × 1 = 8

A.    ×  =

B.
× 1
8   =

C. $8 \times 1 = 8$

MULTIPLICATION TABLE

Table # 8

2. Lets learn 8 × 2 = 16

A. ×  =

B.

C. $8 \times 2 = 16$

MULTIPLICATION TABLE

Table # 8

3. Lets learn 8 × 3 = 24

A.

B.

C. $\boxed{8 \times 3 = 24}$

MULTIPLICATION TABLE

Table # 8

4. Lets learn 8 × 4 = 32

A.  ×  =

B.

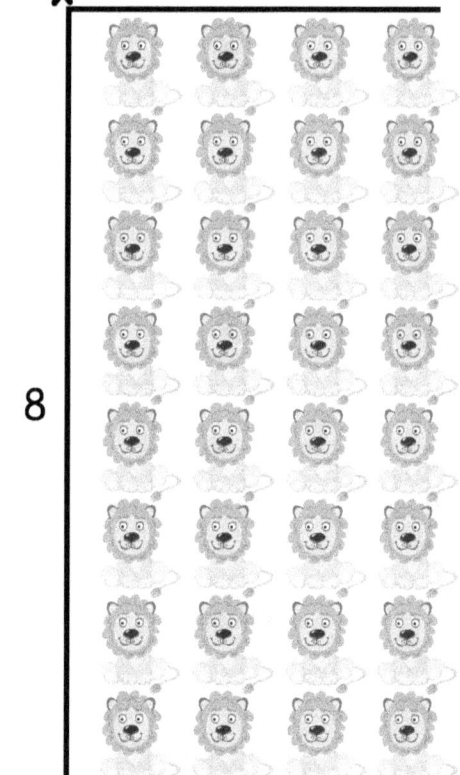

=

C. $8 \times 4 = 32$

MULTIPLICATION TABLE

Table # 8

5. Lets learn 8 × 5 = 40

A.

B.

C. 8 × 5 = 40

MULTIPLICATION TABLE

Table # 8

6. Let's learn 8 × 6 = 48

A.

B.

C. 8 × 6 = 48

MULTIPLICATION TABLE

Table # 8

7. Lets learn 8 × 7 = 56

A.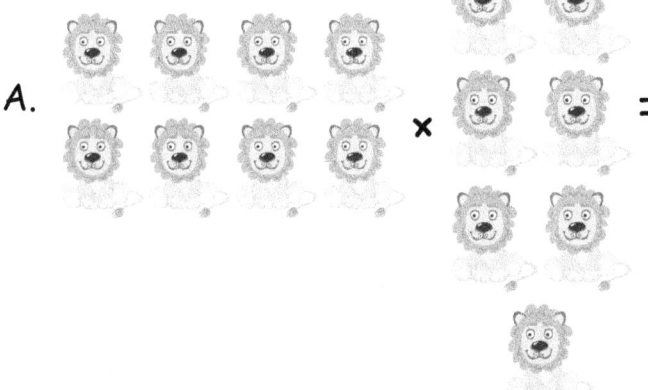

B. (8 × 7 grid = 56)

C. $\boxed{8 \times 7 = 56}$

MULTIPLICATION TABLE

Table # 8

8.   Lets learn 8 × 8 = 64

A.   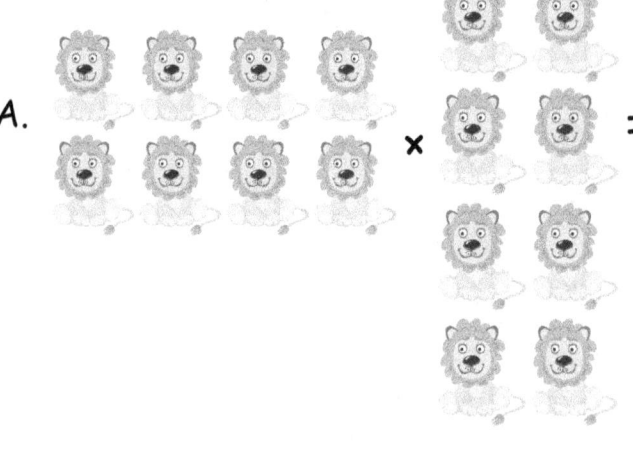 × =

B.   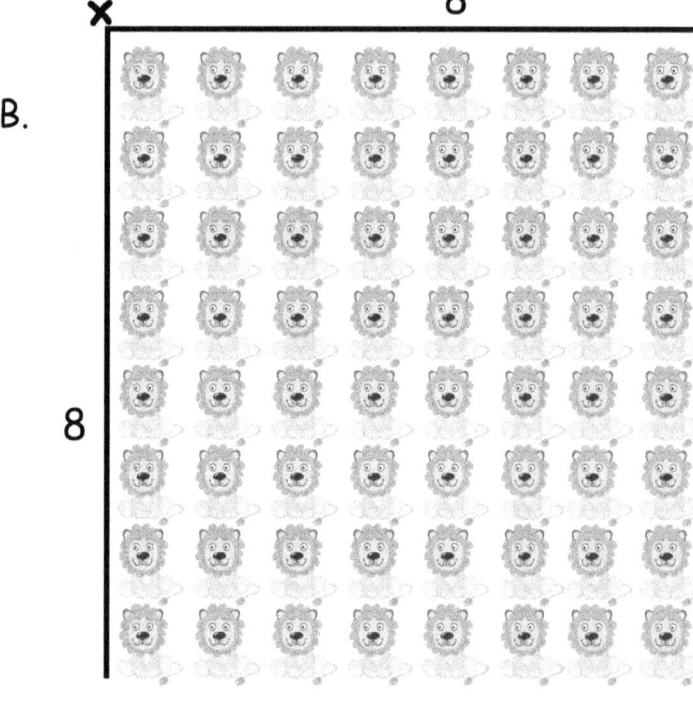 =

C. | 8 × 8 = 64 |

MULTIPLICATION TABLE

Table # 8

9. Lets learn 8 × 9 = 72

A.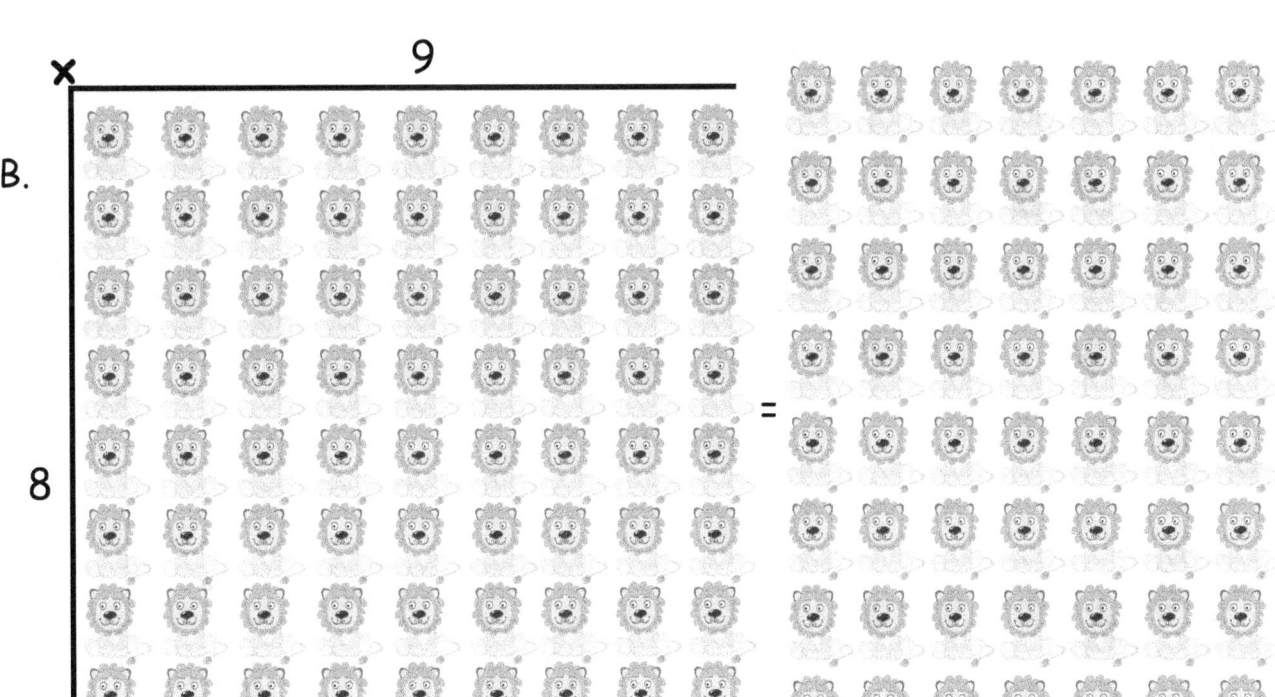

B.

C. $\boxed{8 \times 9 = 72}$

MULTIPLICATION TABLE

Table # 8

10. Lets learn 8 × 10 = 80

A.

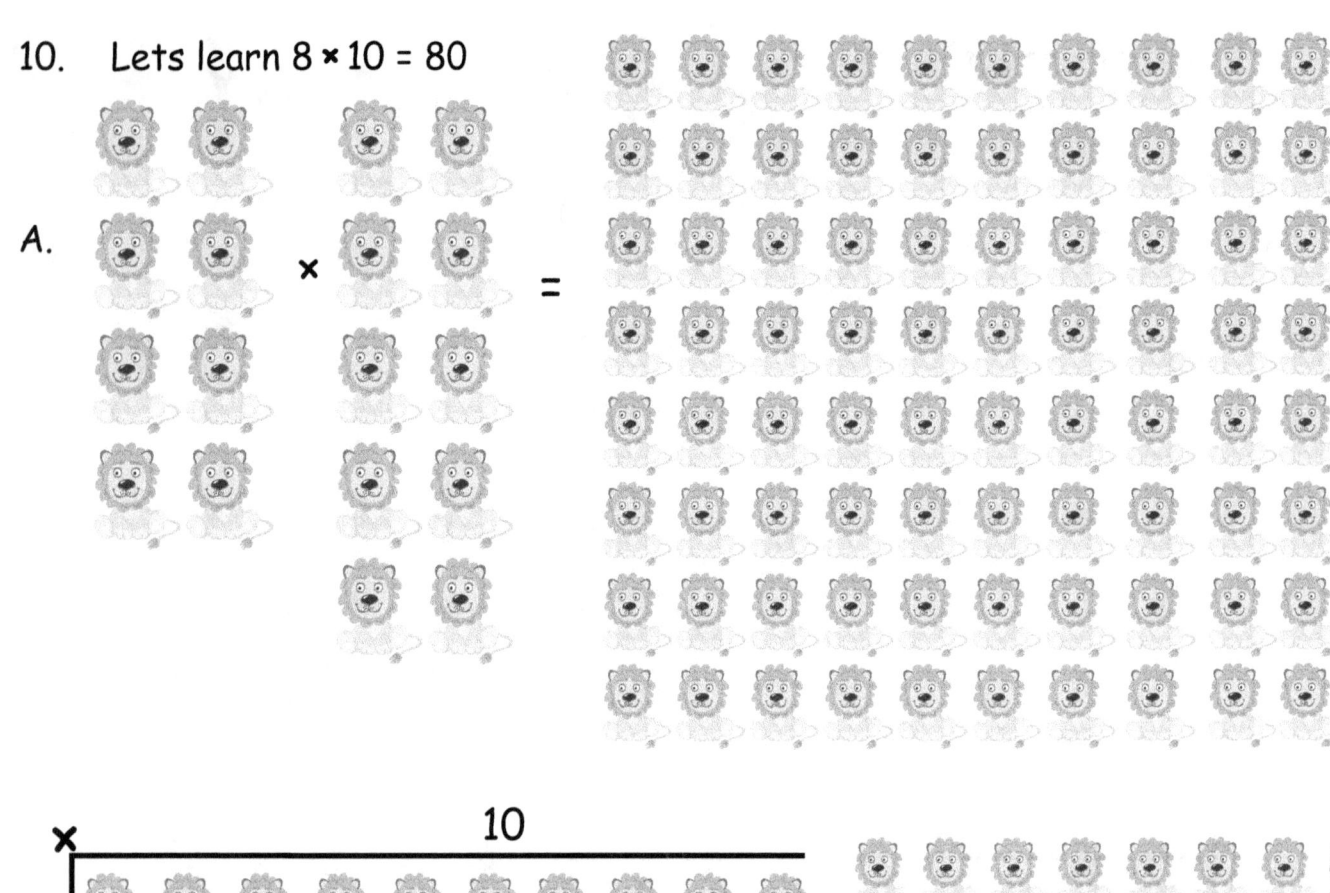

B.

C. 8 × 10 = 80

MULTIPLICATION TABLE

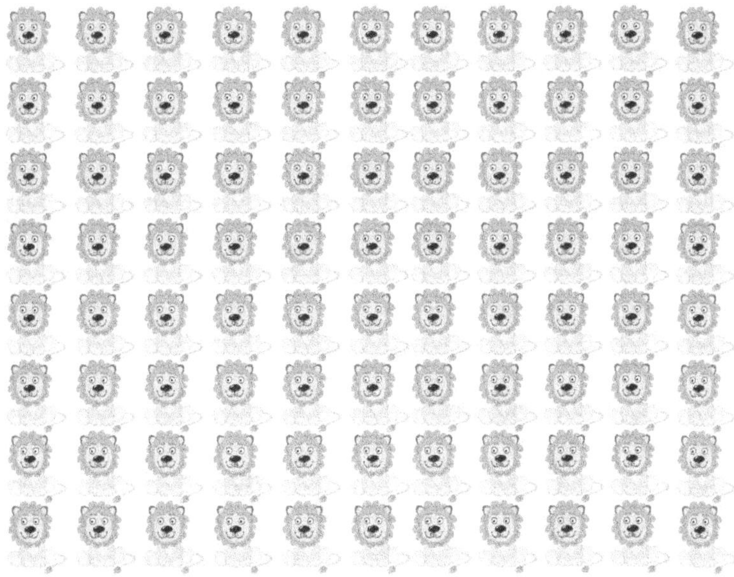

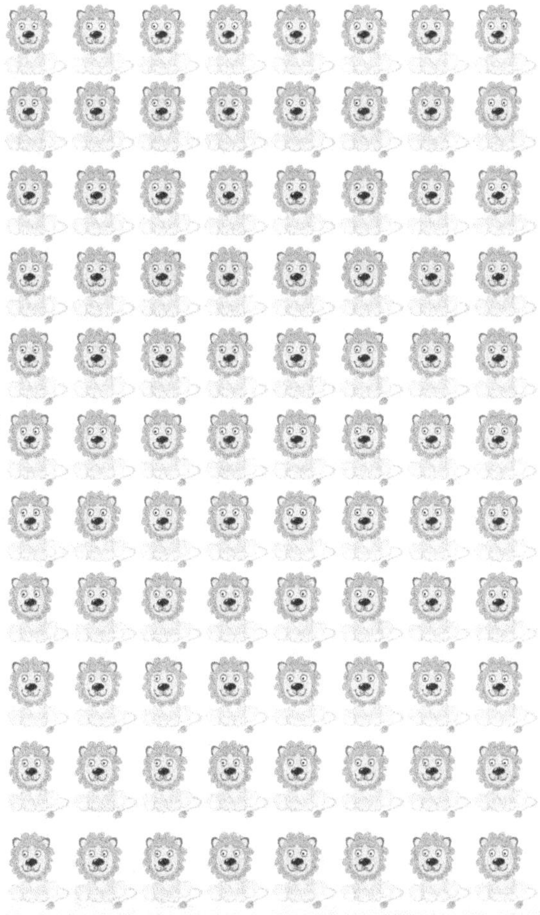

Table # 8

11. Lets learn 8 × 11 = 88

A.

B.

C. 8 × 11 = 88

MULTIPLICATION TABLE

Table # 8

12. Lets learn 8 × 12 = 96

A.

B.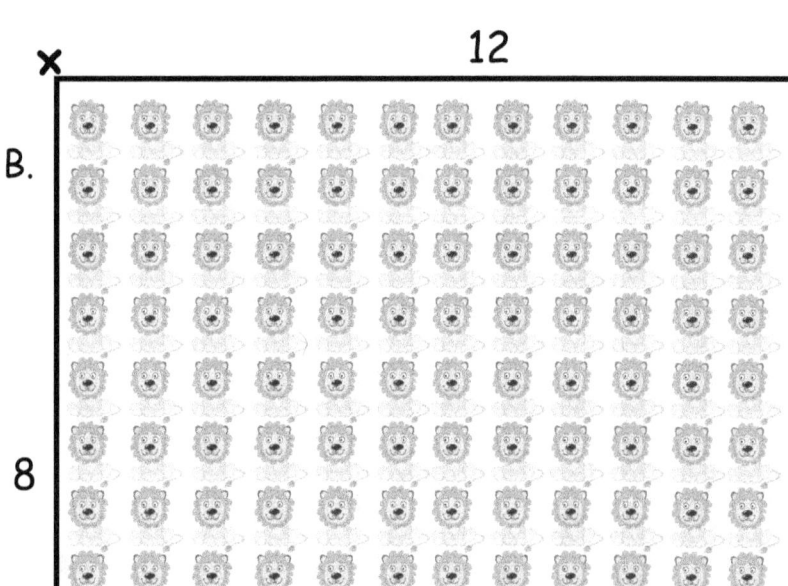

C. $8 \times 12 = 96$

MULTIPLICATION FACTS

Table # 8

Exercise - 1

(A) 8 × 0 _____

(B) 8 × 1 _____

(C) 8 × 2 _____

(D) 8 × 3 _____

(E) 8 × 4 _____

(F) 8 × 5 _____

(G) 8 × 6 _____

(H) 8 × 7 _____

(I) 8 × 8 _____

(J) 8 × 9 _____

(K) 8 × 10 _____

(L) 8 × 11 _____

(M) 8 × 12 _____

Exercise - 2

Match the below multiplication facts

				Answer
a	8 × 3	n	88	_____
b	8 × 9	o	96	_____
c	8 × 4	p	32	_____
d	8 × 0	q	16	_____
e	8 × 11	r	24	_____
f	8 × 5	s	8	_____
g	8 × 2	t	0	_____
h	8 × 7	u	56	_____
i	8 × 10	v	40	_____
j	8 × 12	w	80	_____
k	8 × 8	x	48	_____
l	8 × 1	y	64	_____
m	8 × 6	z	72	_____

Table # 8

Exercise - 3

1. I am a number, when I double myself, am equal to 16. What am I ?

    (A) 6 (B) 2

    (C) 3 (D) 8

2. I am a number, when I increase myself 8 times, am equal to 64. What am I?

    (A) 8 (B) 16

    (C) 12 (D) 1

3. I am a number, when I increase myself 10 times, am equal to 80. What am I ?

    (A) 6 (B) 20

    (C) 8 (D) 18

4. I am a number, when I triple myself, am equal to 24. What am I ?

    (A) 15 (B) 6

    (C) 12 (D) 8

5. I am a number, when I increase myself 6 times, am equal to 48. What am I ?

    (A) 8 (B) 12

    (C) 6 (D) 15

MULTIPLICATION FACTS

Table # 8

6. I am a number, when I increase myself 12 times, am equal to 96. What am I ?

   (A) 12   (B) 24

   (C) 18   (D) 8

7. I am a number, when I increase myself 5 times, am equal to 40. What am I ?

   (A) 7   (B) 8

   (C) 15   (D) 5

8. I am a number, when I increase myself 11 times, am equal to 88. What am I ?

   (A) 8   (B) 11

   (C) 0   (D) 33

9. I am a number, when I quadrupole myself, am equal to 32. What am I ?

   (A) 12   (B) 24

   (C) 8   (D) 6

MULTIPLICATION FACTS

Table # 8

10. I am a number, when I increase myself 7 times, am equal to 56. What am I ?

    (A) 7 (B) 21

    (C) 8 (D) 11

11. I am a number, when I increase myself 9 times, am equal to 72. What am I ?

    (A) 8 (B) 18

    (C) 9 (D) 27

Exercise - 4

Solve the maze run below.

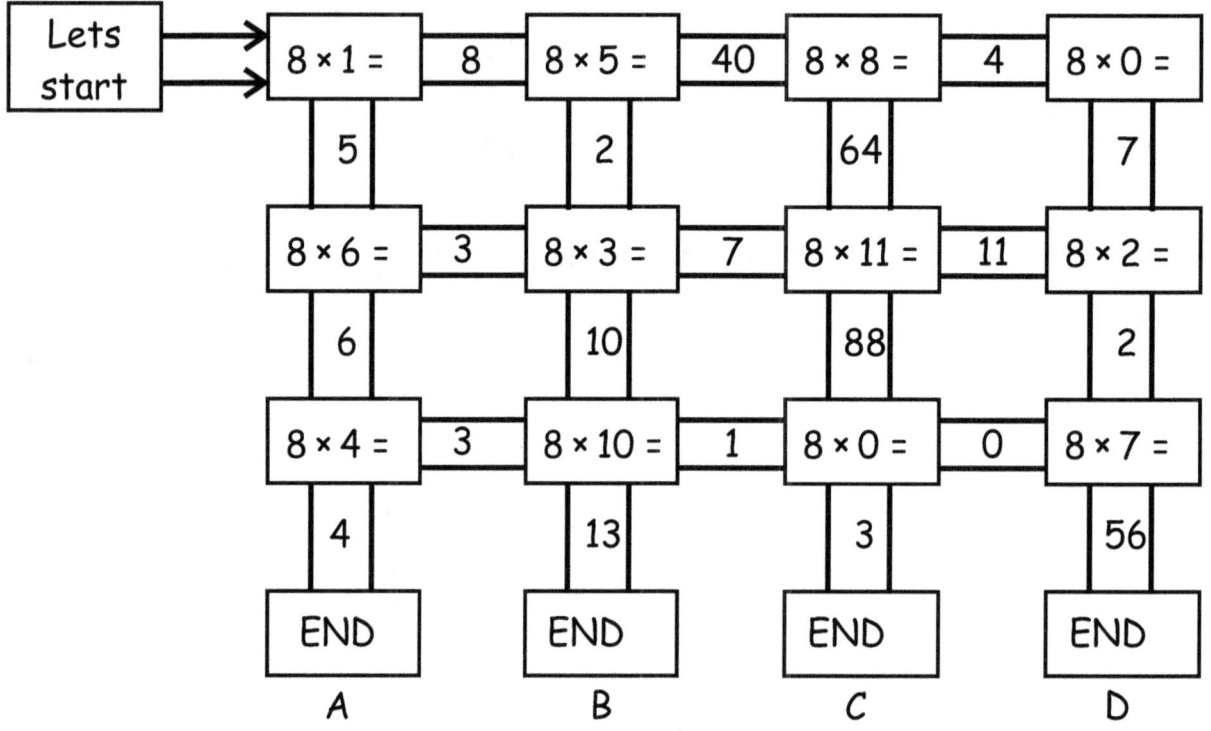

Who won the race ? _____

MULTIPLICATION FACTS

Table # 8

Exercise - 5

1. 8 × ☐ = 8   then ☐ = _____
2. 8 × ☐ = 16   then ☐ = _____
3. 8 × ☐ = 24   then ☐ = _____
4. 8 × ☐ = 32   then ☐ = _____
5. 8 × ☐ = 40   then ☐ = _____
6. 8 × ☐ = 48   then ☐ = _____
7. 8 × ☐ = 56   then ☐ = _____
8. 8 × ☐ = 64   then ☐ = _____
9. 8 × ☐ = 72   then ☐ = _____
10. 8 × ☐ = 80 then ☐ = _____
11. 8 × ☐ = 88 then ☐ = _____
12. 8 × ☐ = 94 then ☐ = _____

Hey you are an expert of table 8!!!

MULTIPLICATION TABLE

Table # 9

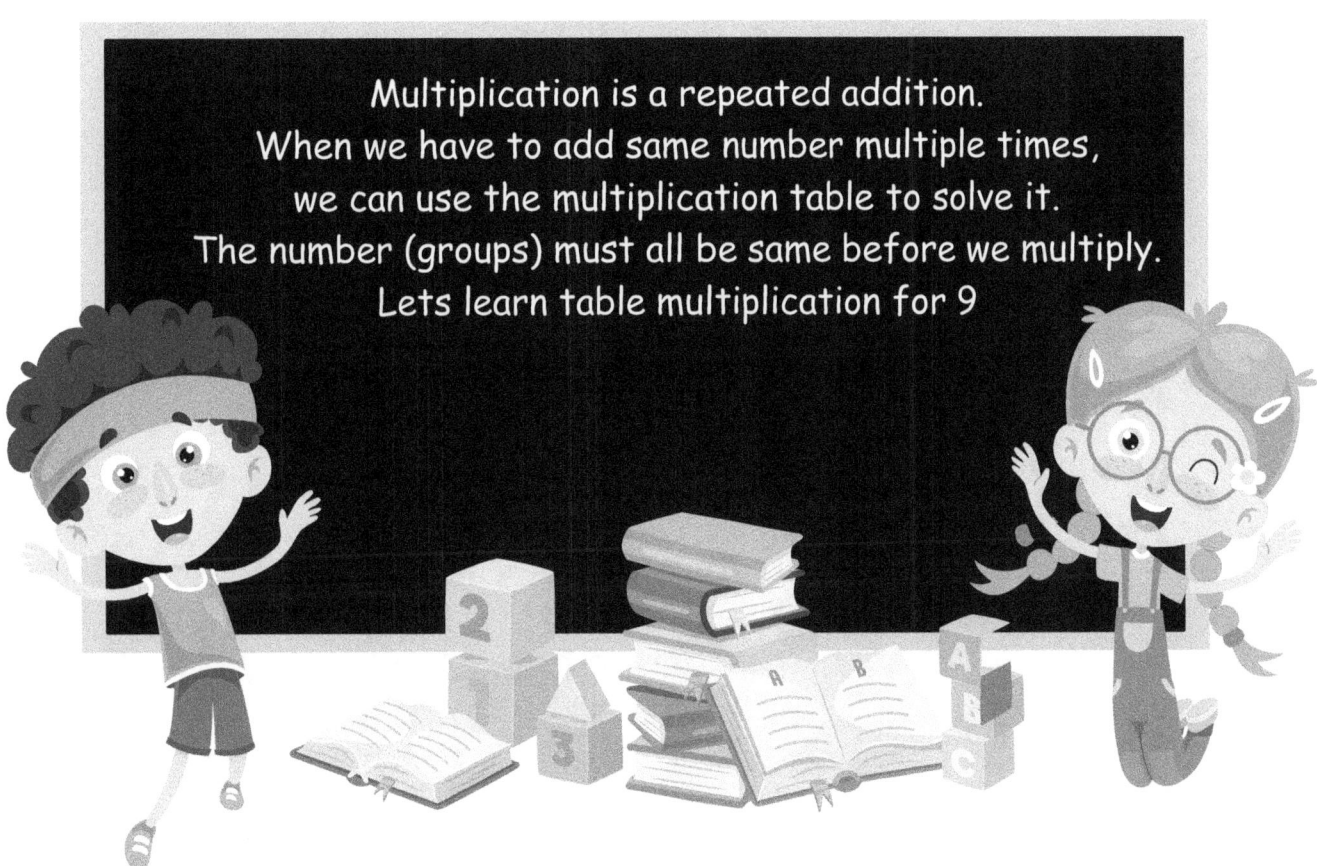

Multiplication is a repeated addition.
When we have to add same number multiple times,
we can use the multiplication table to solve it.
The number (groups) must all be same before we multiply.
Lets learn table multiplication for 9

MULTIPLICATION TABLE

Table # 9

1. Lets learn 9 × 1 = 9

A.

B.

C. 9 × 1 = 9

MULTIPLICATION TABLE

Table # 9

2. Lets learn 9 × 2 = 18

A.

B.

C. $9 \times 2 = 18$

Table # 9

3. Lets learn 9 × 3 = 27

A.

B.

C. 9 × 3 = 27

MULTIPLICATION TABLE

Table # 9

4. Lets learn 9 × 4 = 36

A.

B.

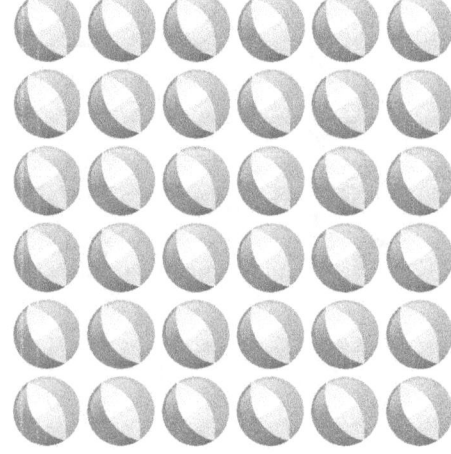

C. 9 × 4 = 36

Table # 9

5. Lets learn 9 × 5 = 45

A.

B.

C. 9 × 5 = 45

MULTIPLICATION TABLE

Table # 9

6. Lets learn 9 × 6 = 54

A.

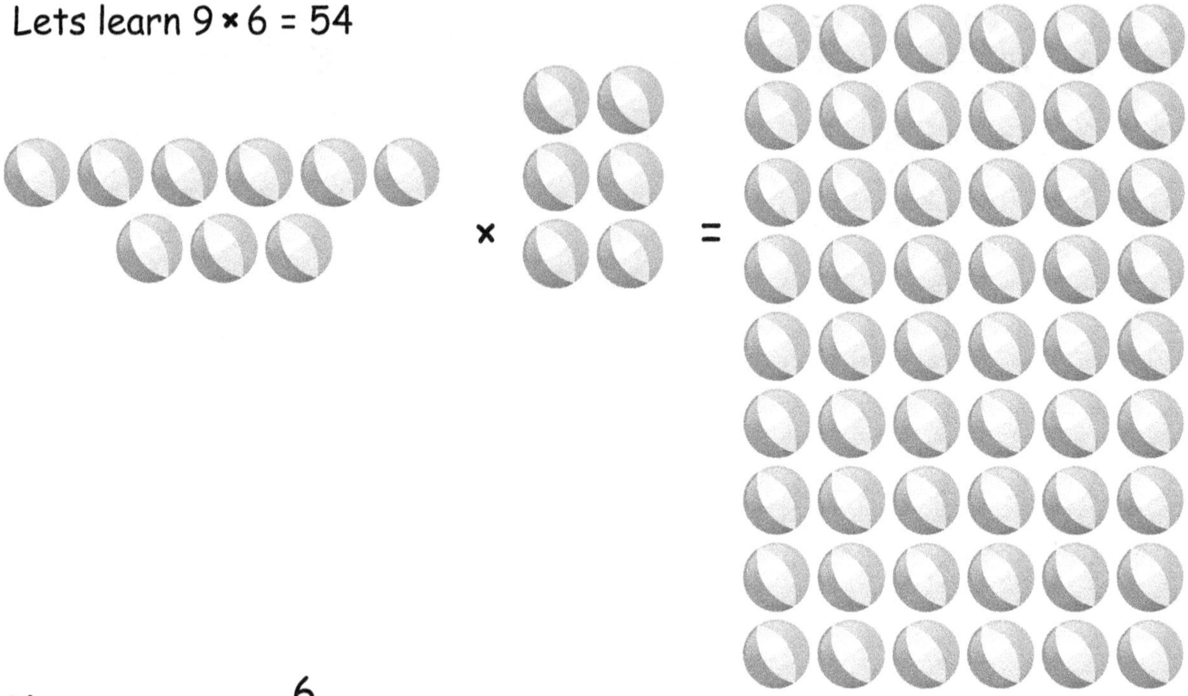

B.

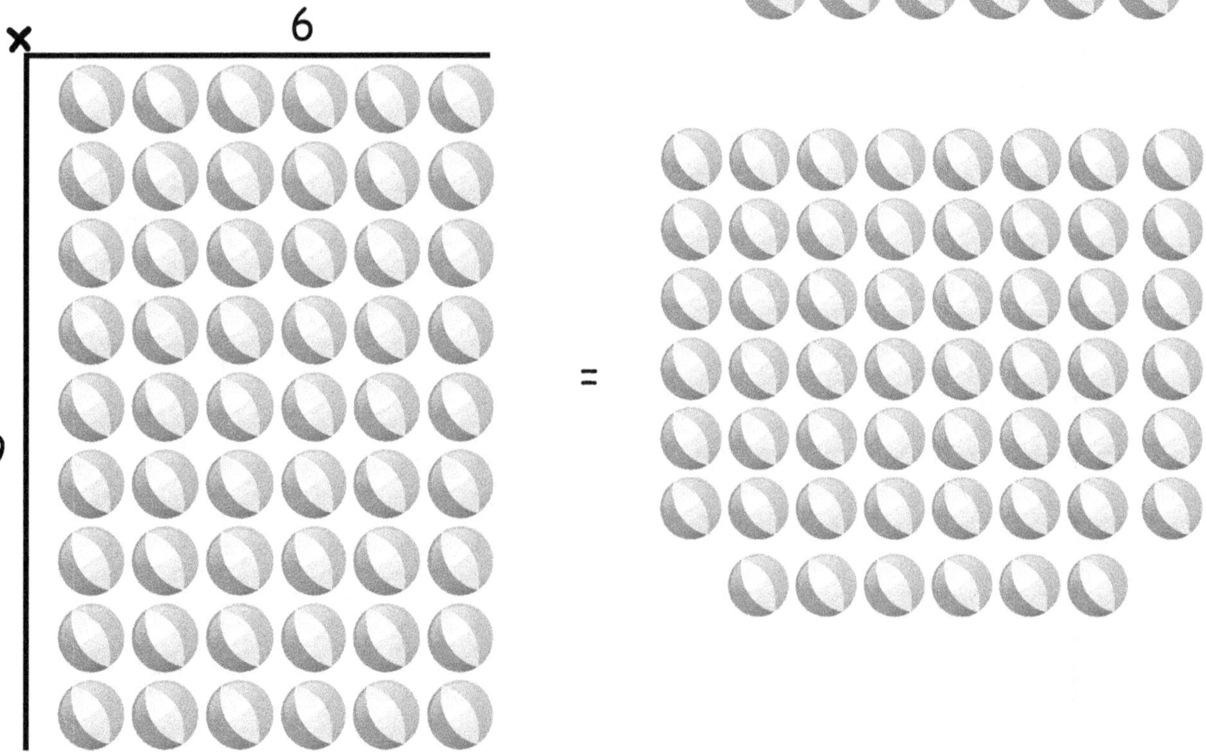

C. 9 × 6 = 54

MULTIPLICATION TABLE

Table # 9

7. Lets learn 9 × 7 = 63

A.

B.

C. $9 \times 7 = 63$

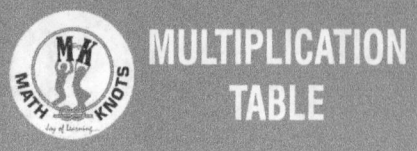

MULTIPLICATION TABLE

Table # 9

8. Lets learn 9 × 8 = 72

A.

B.

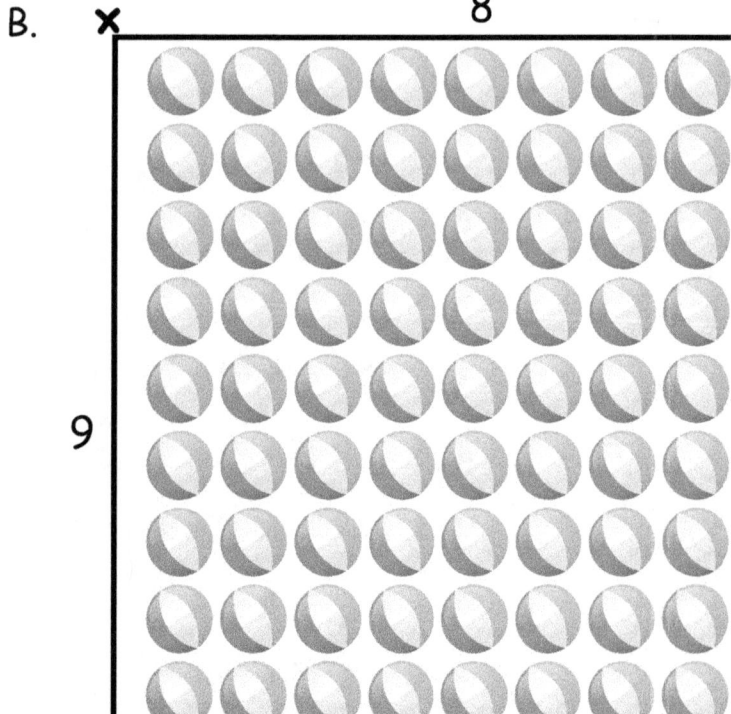

C. 9 × 8 = 72

MULTIPLICATION TABLE

Table # 9

9. Lets learn 9 × 9 = 81

A. 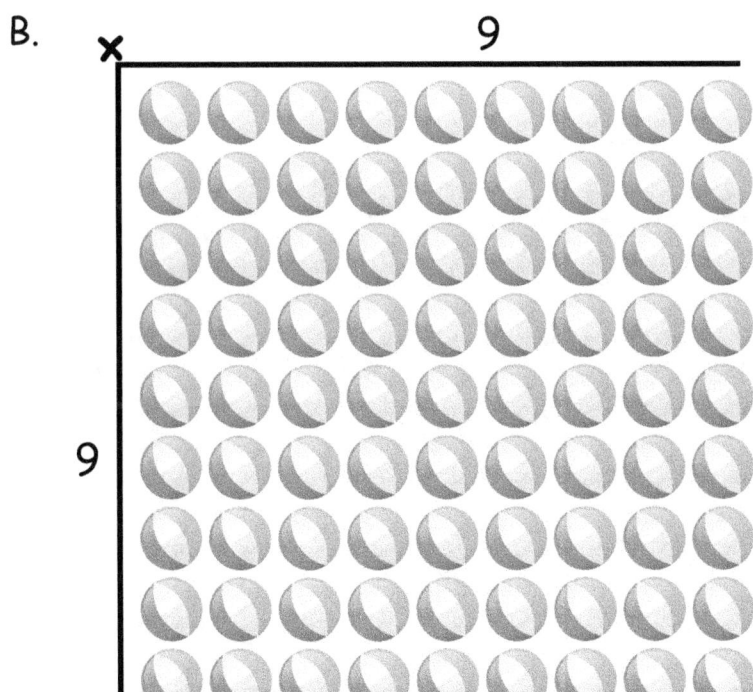 × 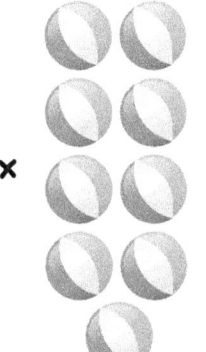 =

B.

C. 9 × 9 = 81

MULTIPLICATION TABLE

Table # 9

10. Let's learn 9 × 10 = 90

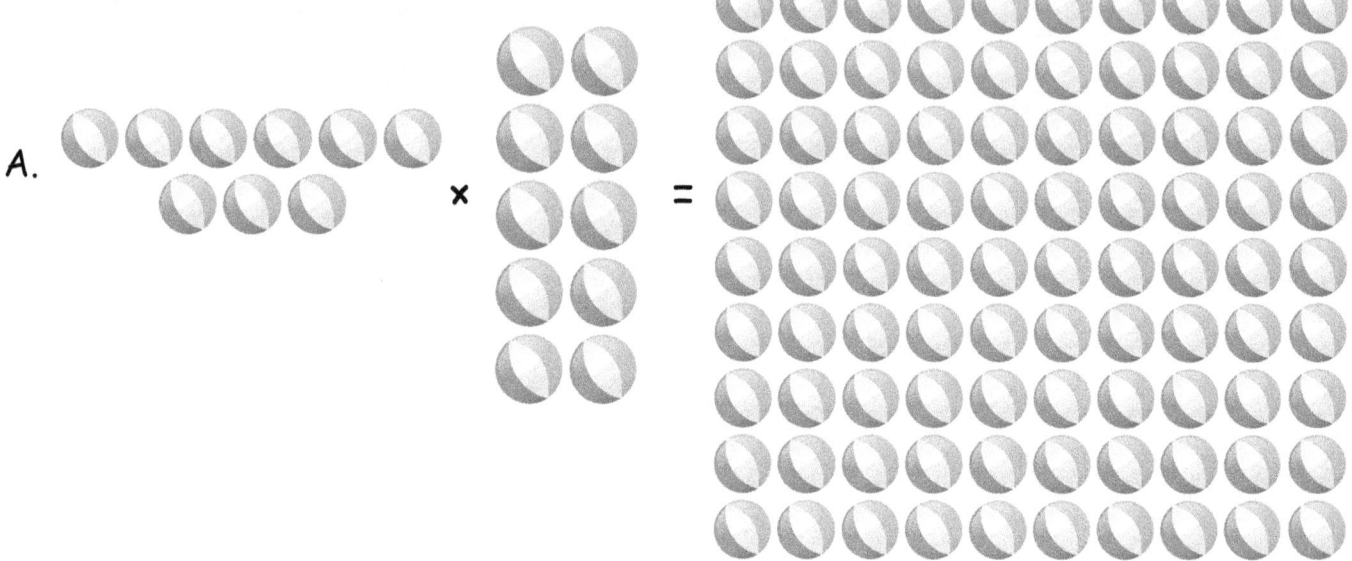

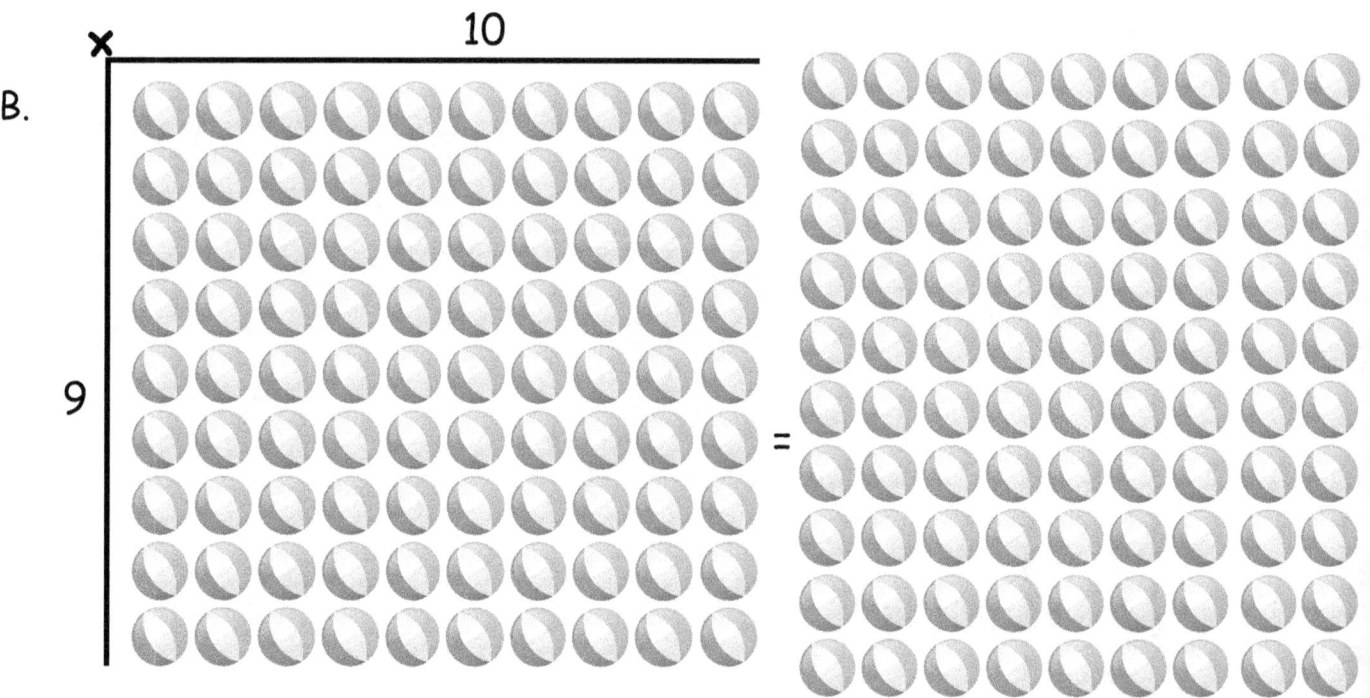

C. $9 \times 10 = 90$

MULTIPLICATION TABLE

Table # 9

11. Lets learn 9 × 11 = 99

A.

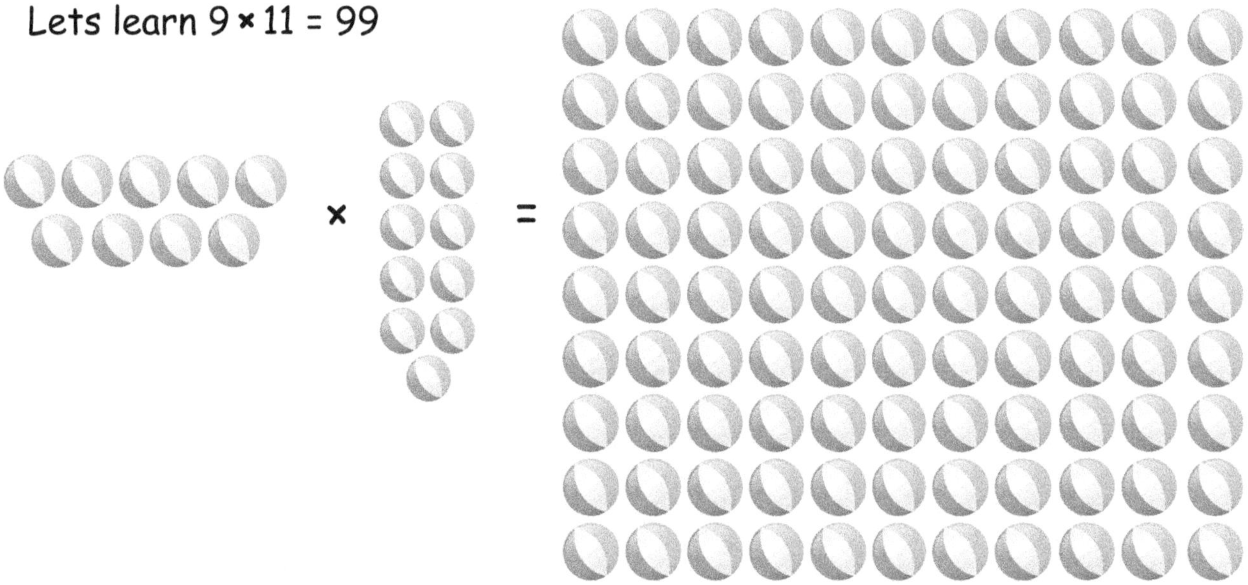

B.

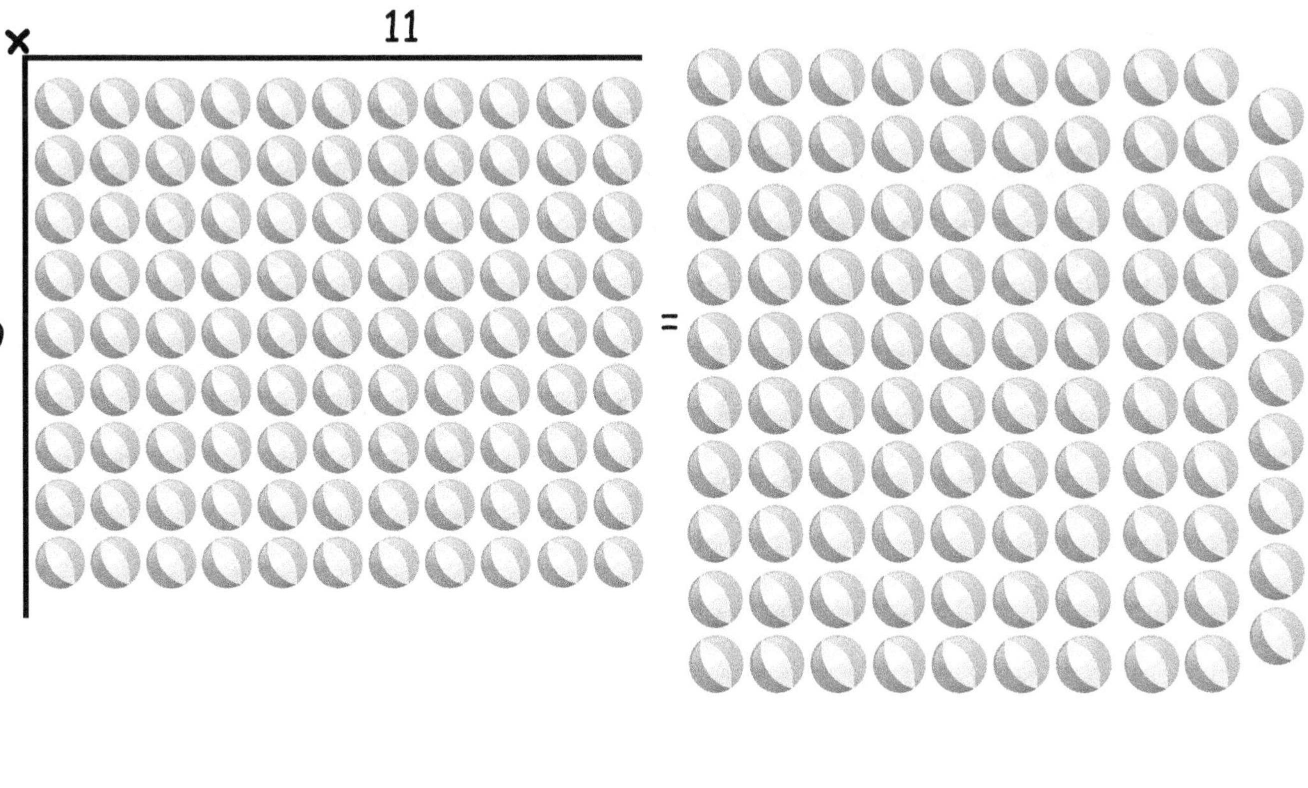

C. $9 \times 11 = 99$

MULTIPLICATION TABLE

Table # 9

12. Lets learn 9 × 12 = 108

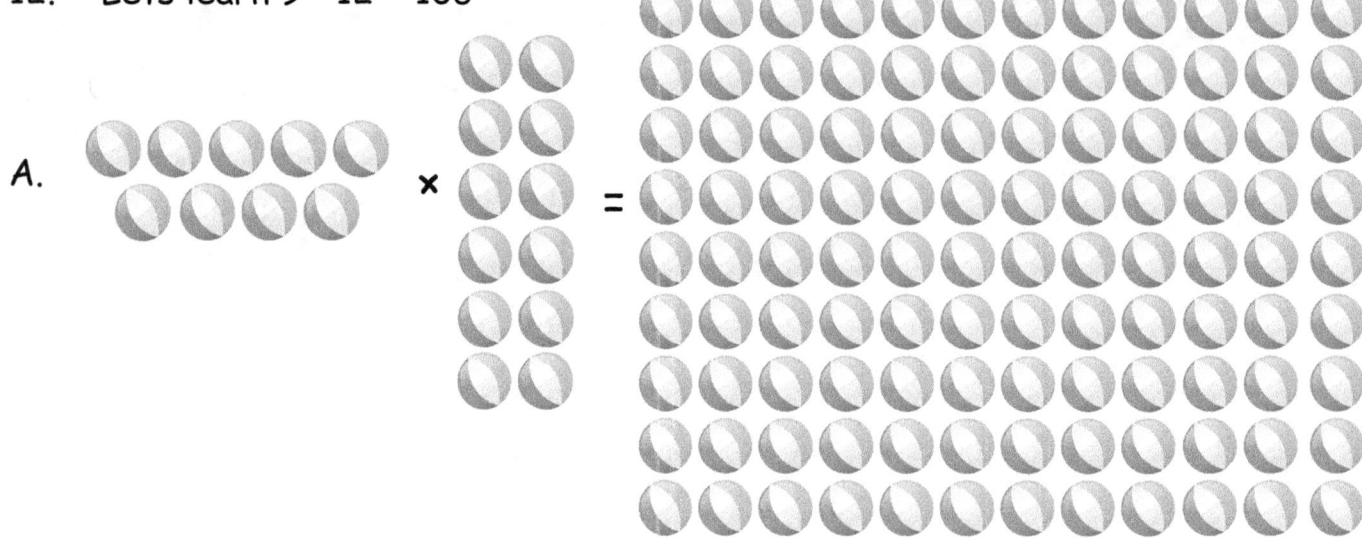

A.

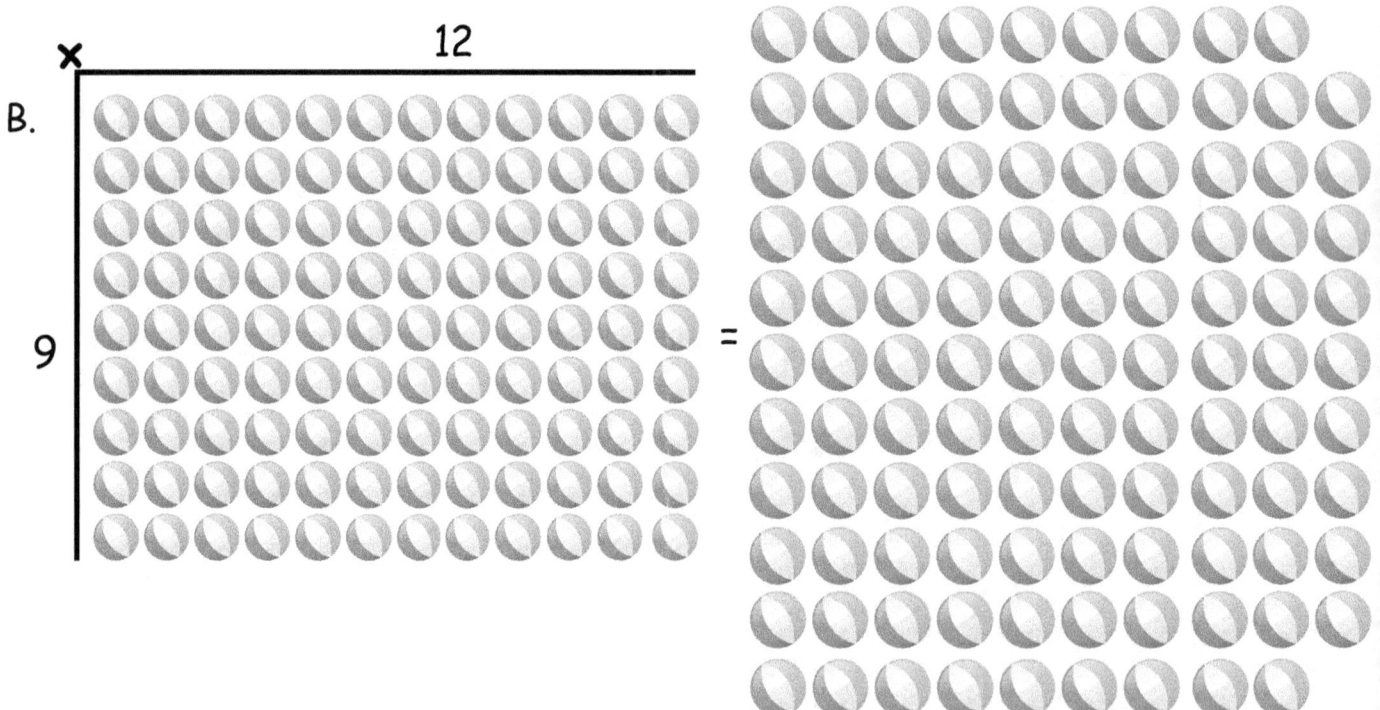

B.

C. $\boxed{9 \times 12 = 108}$

MULTIPLICATION FACTS

Table # 9

Exercise - 1

(A) 9 × 0

(B) 9 × 1

(C) 9 × 2

(D) 9 × 3

(E) 9 × 4

(F) 9 × 5

(G) 9 × 6

(H) 9 × 7

(I) 9 × 8

(J) 9 × 9

(K) 9 × 10

(L) 9 × 11

(M) 9 × 12

Exercise - 2

Match the below multiplication facts

					Answer
a	9 × 3	n	99		_____
b	9 × 9	o	108		_____
c	9 × 4	p	36		_____
d	9 × 0	q	18		_____
e	9 × 11	r	27		_____
f	9 × 5	s	9		_____
g	9 × 2	t	0		_____
h	9 × 7	u	63		_____
i	9 × 10	v	45		_____
j	9 × 12	w	90		_____
k	9 × 8	x	54		_____
l	9 × 1	y	72		_____
m	9 × 6	z	81		_____

Exercise - 3

1. I am a number, when I double myself, am equal to 18. What am I?

   (A) 6 (B) 2

   (C) 3 (D) 9

2. I am a number, when I increase myself 8 times, am equal to 72. What am I?

   (A) 9 (B) 16

   (C) 12 (D) 8

3. I am a number, when I increase myself 10 times, am equal to 90. What am I?

   (A) 6 (B) 20

   (C) 9 (D) 18

4. I am a number, when I triple myself, am equal to 27. What am I?

   (A) 15 (B) 6

   (C) 12 (D) 9

5. I am a number, when I increase myself 6 times, am equal to 54. What am I?

   (A) 9 (B) 12

   (C) 6 (D) 15

MULTIPLICATION FACTS

Table # 9

6. I am a number, when I increase myself 12 times, am equal to 108. What am I ?

   (A) 12   (B) 24

   (C) 18   (D) 9

7. I am a number, when I increase myself 5 times, am equal to 45. What am I ?

   (A) 7   (B) 9

   (C) 15   (D) 5

8. I am a number, when I increase myself 11 times, am equal to 99. What am I ?

   (A) 9   (B) 11

   (C) 0   (D) 33

9. I am a number, when I quadrupole myself, am equal to 36 . What am I ?

   (A) 12   (B) 24

   (C) 9   (D) 6

MULTIPLICATION FACTS

Table # 9

10. I am a number, when I increase myself 7 times, am equal to 63. What am I ?

   (A) 7   (B) 21

   (C) 9   (D) 11

11. I am a number, when I increase myself 9 times, am equal to 81. What am I ?

   (A) 9   (B) 18

   (C) 1   (D) 27

Exercise - 4

Solve the maze run below.

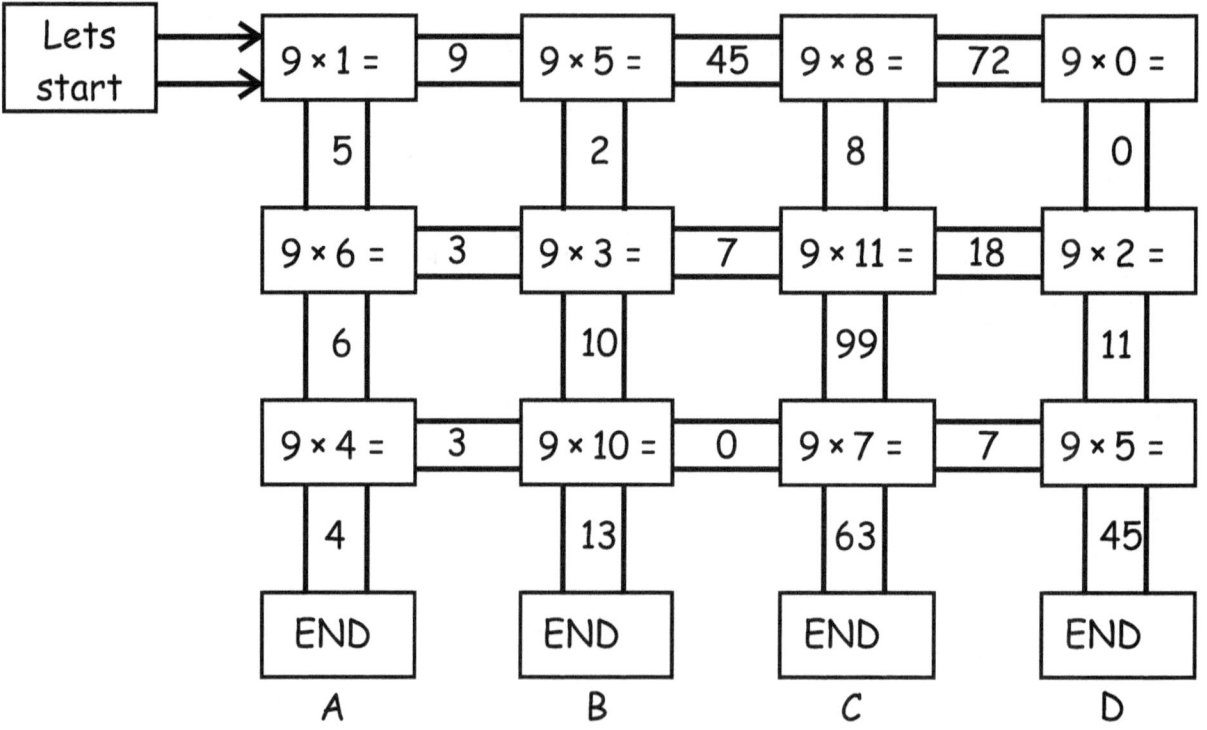

Who won the race ? _____

MULTIPLICATION FACTS

Table # 9

Exercise - 5

1. 9 × ☐ = 9   then ☐ = _____
2. 9 × ☐ = 18   then ☐ = _____
3. 9 × ☐ = 27   then ☐ = _____
4. 9 × ☐ = 36   then ☐ = _____
5. 9 × ☐ = 45   then ☐ = _____
6. 9 × ☐ = 54   then ☐ = _____
7. 9 × ☐ = 63   then ☐ = _____
8. 9 × ☐ = 72   then ☐ = _____
9. 9 × ☐ = 81   then ☐ = _____
10. 9 × ☐ = 90   then ☐ = _____
11. 9 × ☐ = 99   then ☐ = _____
12. 9 × ☐ = 108 then ☐ = _____

Hey you are an expert of table 9 !!!

MULTIPLICATION TABLE

Table # 10

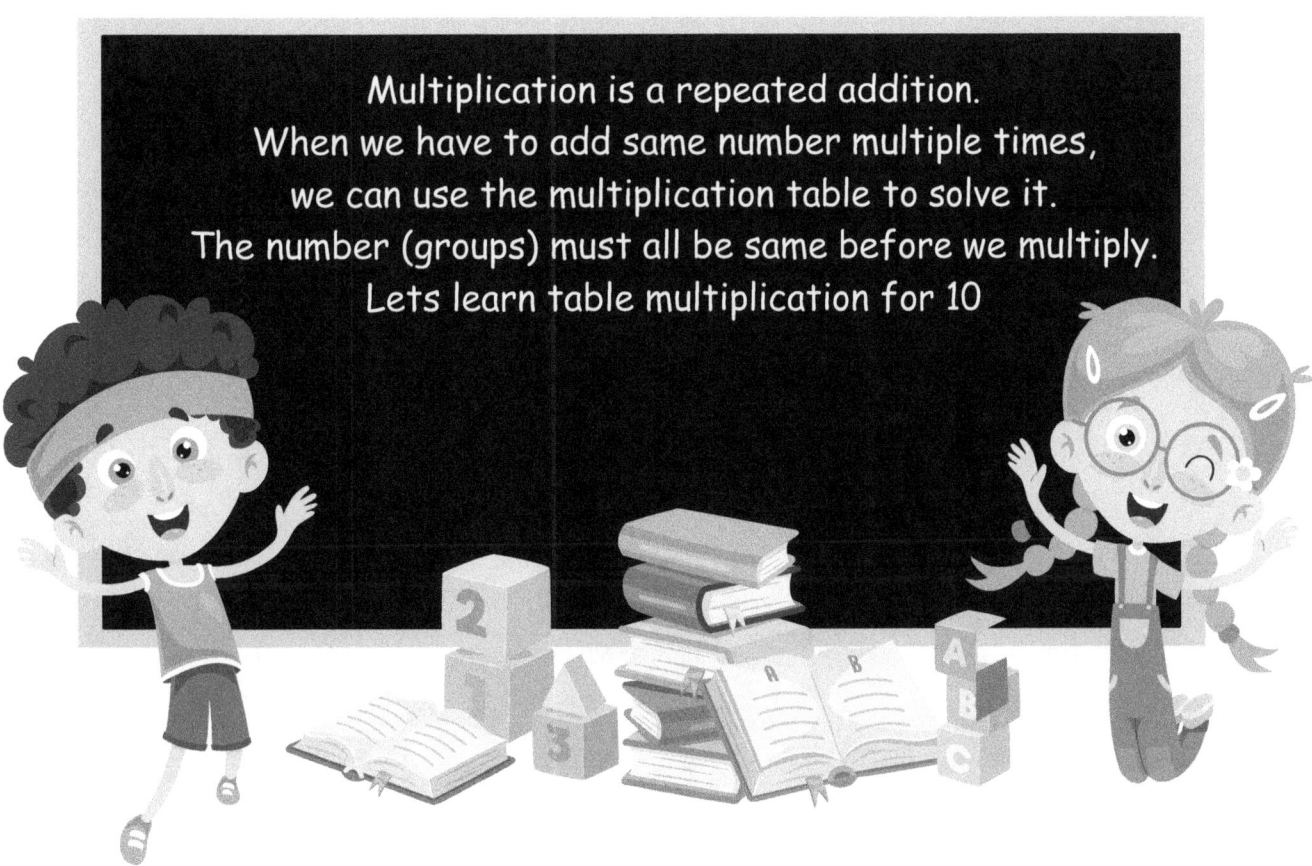

Multiplication is a repeated addition.
When we have to add same number multiple times,
we can use the multiplication table to solve it.
The number (groups) must all be same before we multiply.
Lets learn table multiplication for 10

MULTIPLICATION TABLE

Table # 10

1. Lets learn $10 \times 1 = 10$

A.

B.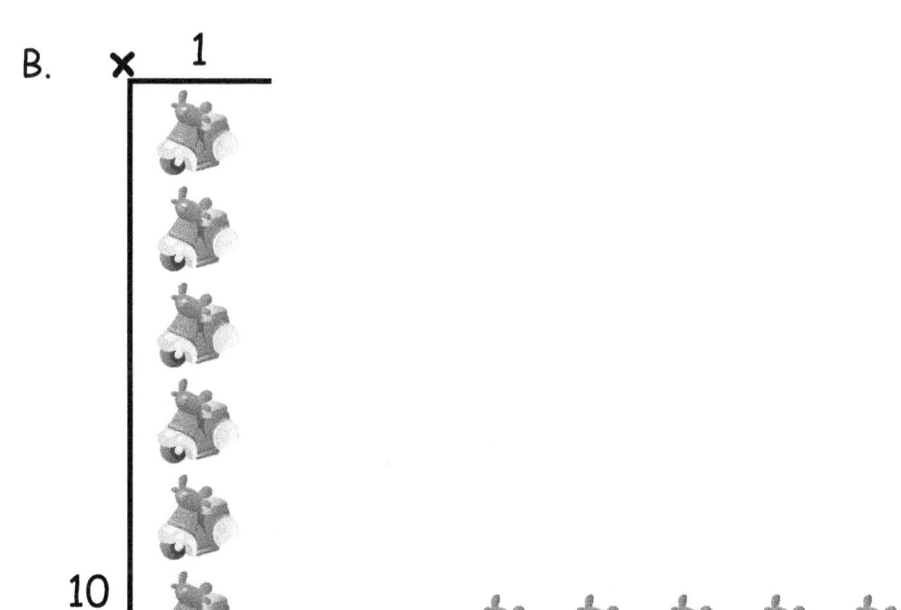

C.

$10 \times 1 = 10$

MULTIPLICATION TABLE

Table # 10

2. Lets learn 10 × 2 = 20

A.

B.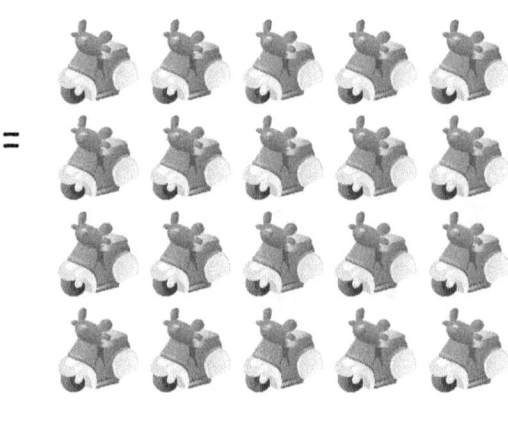

C. 10 × 2 = 20

MULTIPLICATION TABLE

Table # 10

3. Lets learn 10 × 3 = 30

A.

B.

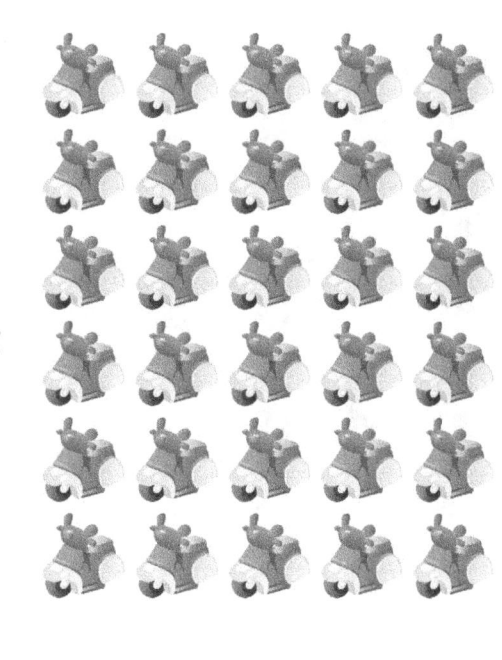

C. $\boxed{10 \times 3 = 30}$

MULTIPLICATION TABLE

Table # 10

4. Lets learn 10 × 4 = 40

A.

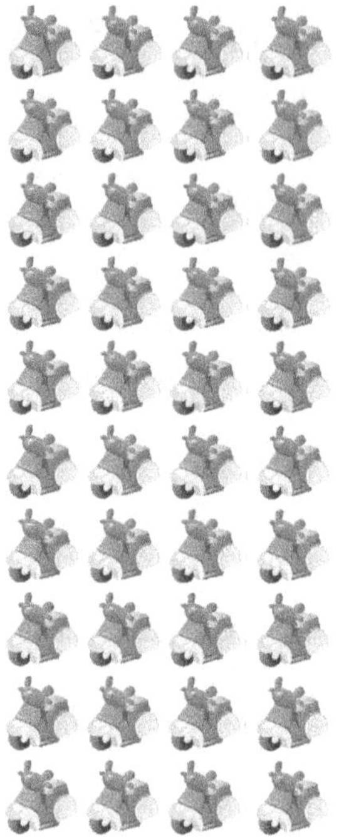

B.   × 4
      10

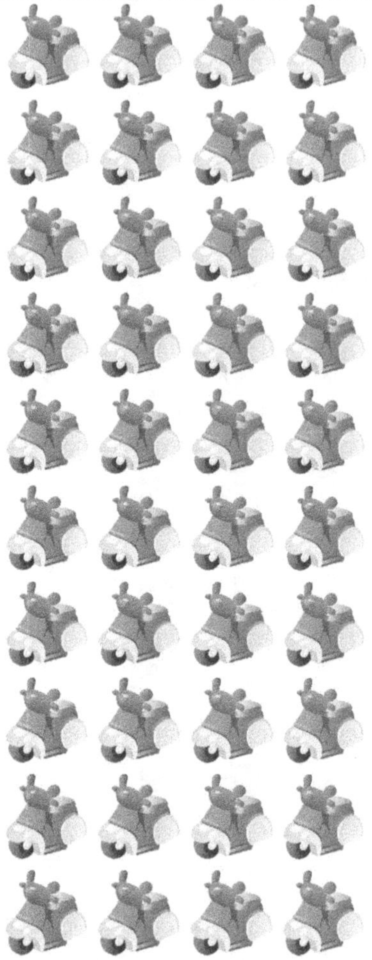

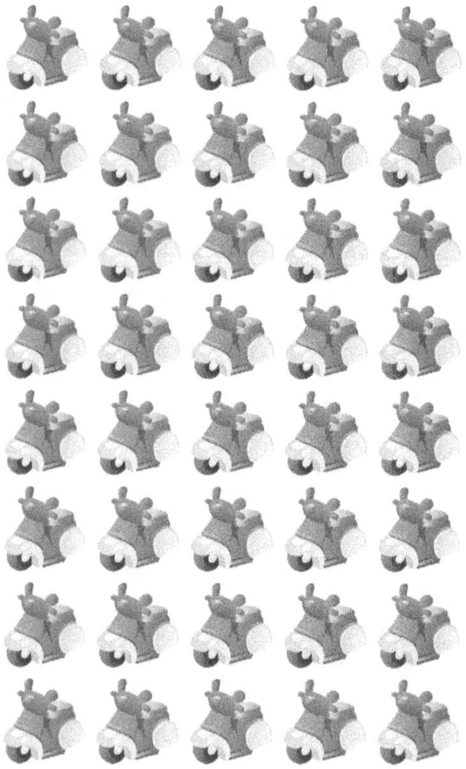

C. 10 × 4 = 40

MULTIPLICATION TABLE

Table # 10

5. Lets learn 10 × 5 = 50

A.  × 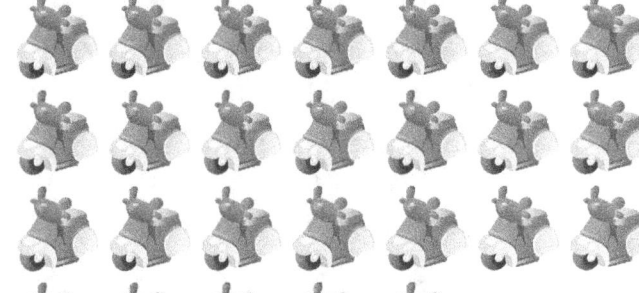 =

B.

C. 10 × 5 = 50

MULTIPLICATION TABLE

Table # 10

6. Lets learn 10 × 6 = 60

A.

B. × 6 / 10

C. 10 × 6 = 60

MULTIPLICATION TABLE

Table # 10

7. Lets learn 10 × 7 = 70

A.

B.

C. 10 × 7 = 70

MULTIPLICATION TABLE

Table # 10

8. Lets learn 10 × 8 = 80

A. × =

B. × =

C. 10 × 8 = 80

MULTIPLICATION TABLE

Table # 10

9. Lets learn 10 × 9 = 90

A. ☐ × ☐ = ☐

B.
× | 9
10

=

C. 10 × 9 = 90

MULTIPLICATION TABLE

Table # 10

10. Lets learn 10 × 10 = 100

A.

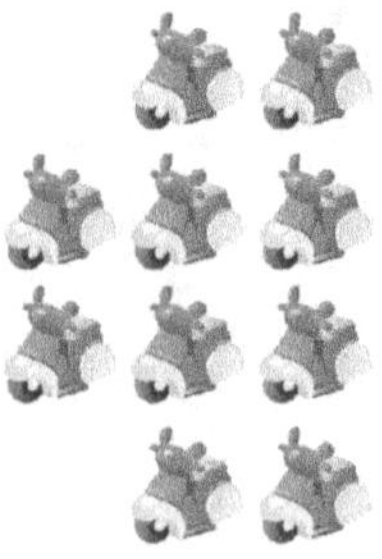

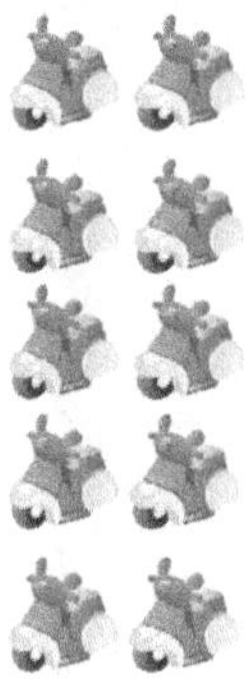

B.

10 × 10 = 100

C.

MULTIPLICATION TABLE

Table # 10

11. Lets learn 10 × 11 = 110

A.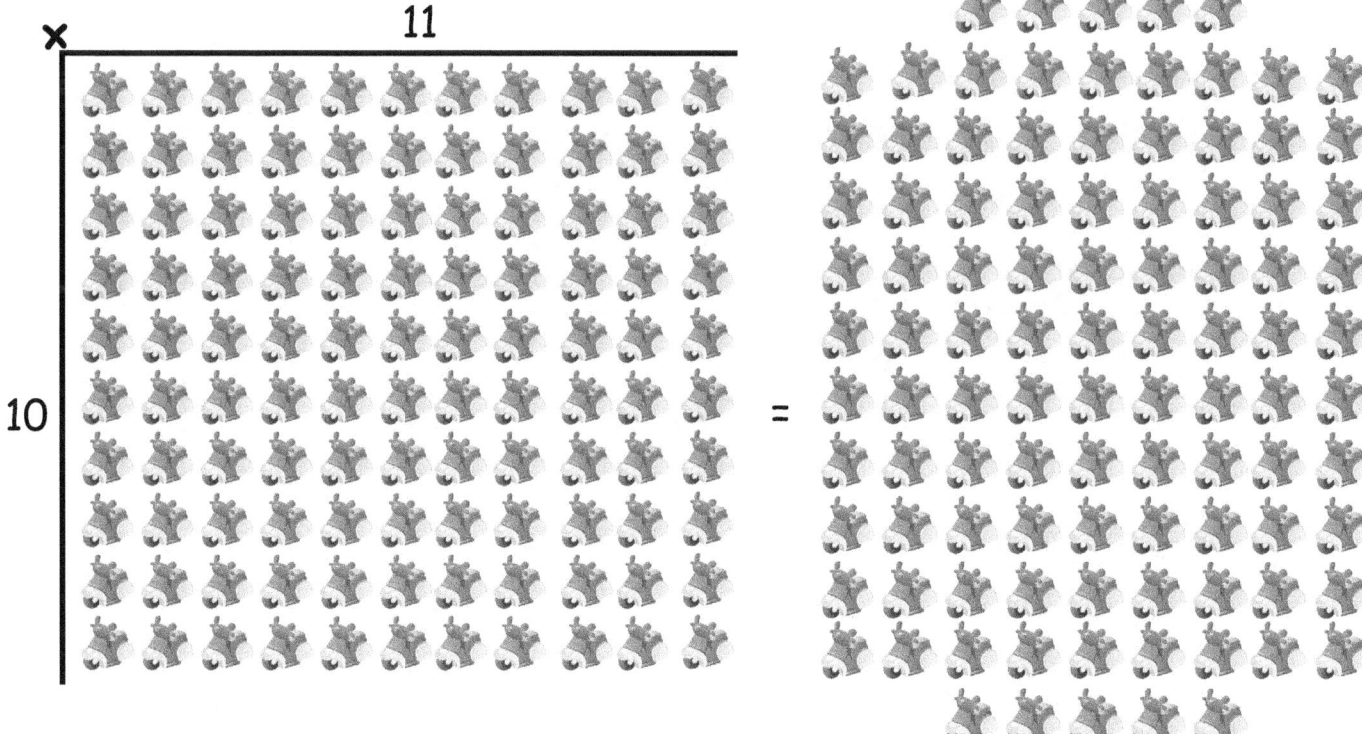

B.

C. 10 × 11 = 110

MULTIPLICATION TABLE

Table # 10

12. Lets learn 10 × 12 = 120

A.

B.

12

10

C. 10 × 12 = 120

Exercise - 1

(A) 10 × 0

(B) 10 × 1

(C) 10 × 2

(D) 10 × 3

(E) 1 × 4

(F) 10 × 5

(G) 10 × 6

(H) 10 × 7

(I) 10 × 8

(J) 1 × 9

(K) 10 × 10

(L) 10 × 11

(M) 10 × 12

Exercise - 2

Match the below multiplication facts

					Answer
a	10 × 3	n	110		_____
b	10 × 9	o	120		_____
c	10 × 4	p	40		_____
d	10 × 0	q	20		_____
e	10 × 11	r	30		_____
f	10 × 5	s	10		_____
g	10 × 2	t	0		_____
h	10 × 7	u	70		_____
i	10 × 10	v	50		_____
j	10 × 12	w	10		_____
k	10 × 8	x	60		_____
l	10 × 1	y	80		_____
m	10 × 6	z	90		_____

Exercise - 3

1. I am a number, when I double myself, am equal to 20. What am I ?

    (A) 6 (B) 2

    (C) 3 (D) 10

2. I am a number, when I increase myself 8 times, am equal to 80. What am I?

    (A) 10 (B) 16

    (C) 12 (D) 8

3. I am a number, when I increase myself 10 times, am equal to 100. What am I ?

    (A) 6 (B) 20

    (C) 10 (D) 18

4. I am a number, when I triple myself, am equal to 30. What am I ?

    (A) 15 (B) 6

    (C) 12 (D) 10

5. I am a number, when I increase myself 6 times, am equal to 60. What am I ?

    (A) 10 (B) 12

    (C) 6 (D) 15

MULTIPLICATION FACTS

Table # 10

6. I am a number, when I increase myself 12 times, am equal to 120. What am I ?

    (A) 12   (B) 24

    (C) 18   (D) 10

7. I am a number, when I increase myself 5 times, am equal to 50. What am I ?

    (A) 7   (B) 10

    (C) 15   (D) 5

8. I am a number, when I increase myself 11 times, am equal to 110. What am I ?

    (A) 10   (B) 11

    (C) 0   (D) 33

9. I am a number, when I quadrupole myself, am equal to 40. What am I ?

    (A) 12   (B) 24

    (C) 10   (D) 6

MULTIPLICATION FACTS

Table # 10

10. I am a number, when I increase myself 7 times, am equal to 70. What am I ?

   (A) 7   (B) 21

   (C) 10   (D) 11

11. I am a number, when I increase myself 9 times, am equal to 90. What am I ?

   (A) 10   (B) 18

   (C) 9   (D) 27

Exercise - 4

Solve the maze run below.

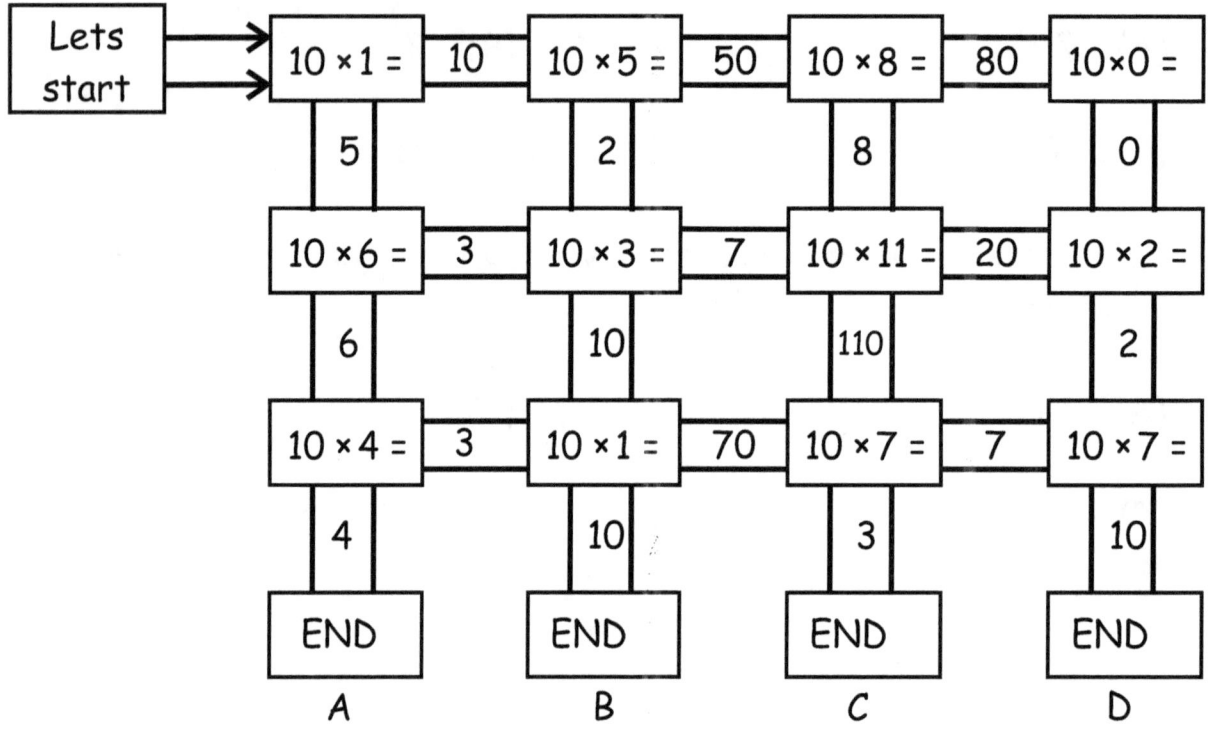

Who won the race ? _____

MULTIPLICATION FACTS

Table # 10

Exercise - 5

1. 10 × ☐ = 10   then   ☐ = _____
2. 10 × ☐ = 20   then   ☐ = _____
3. 10 × ☐ = 30   then   ☐ = _____
4. 10 × ☐ = 40   then   ☐ = _____
5. 10 × ☐ = 50   then   ☐ = _____
6. 10 × ☐ = 60   then   ☐ = _____
7. 10 × ☐ = 70   then   ☐ = _____
8. 10 × ☐ = 80   then   ☐ = _____
9. 10 × ☐ = 90   then   ☐ = _____
10. 10 × ☐ = 100   then   ☐ = _____
11. 10 × ☐ = 110   then   ☐ = _____
12. 10 × ☐ = 120   then   ☐ = _____

Hey you are an expert of table 10!!!

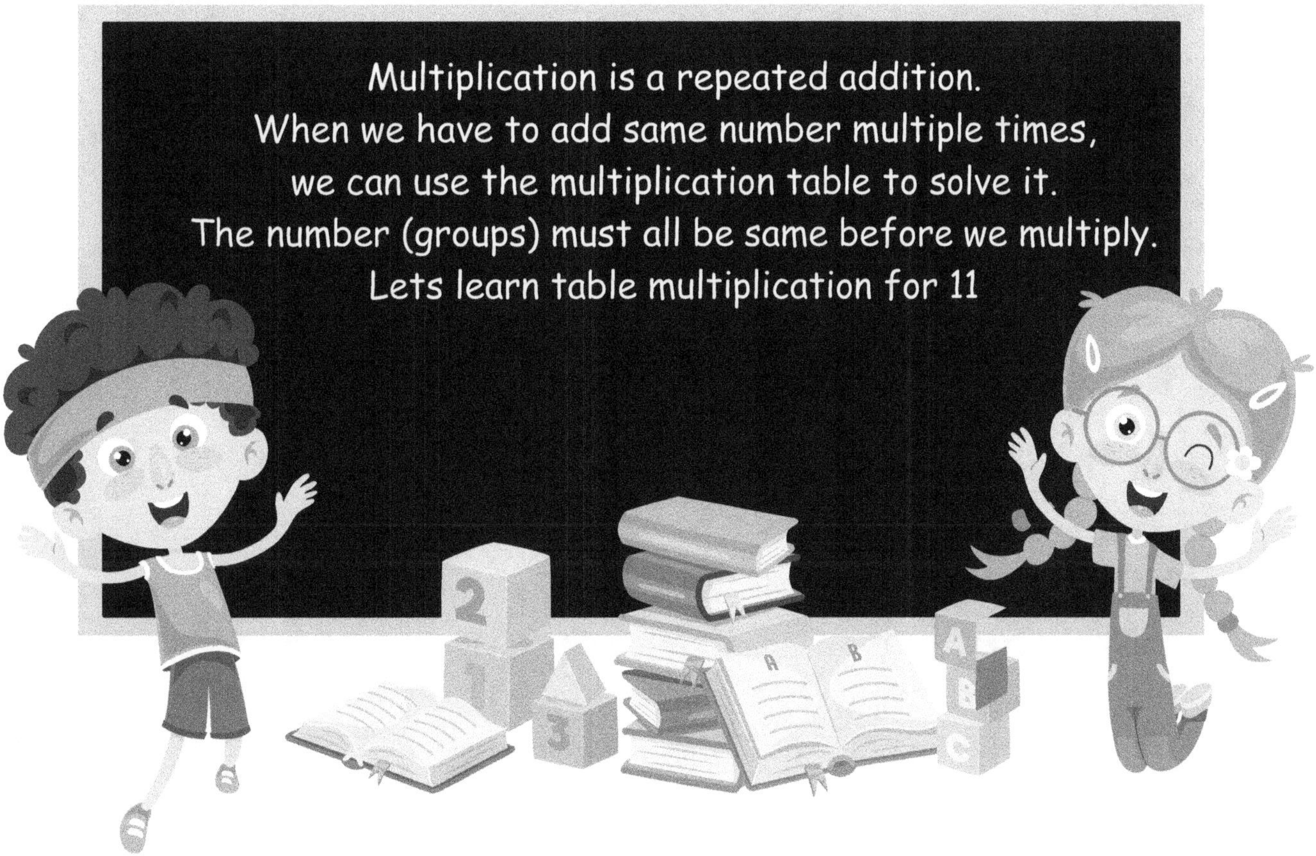

MULTIPLICATION TABLE

Table # 11

Multiplication is a repeated addition.
When we have to add same number multiple times,
we can use the multiplication table to solve it.
The number (groups) must all be same before we multiply.
Lets learn table multiplication for 11

MULTIPLICATION TABLE

Table # 11

1. Lets learn 11 × 1 = 11

A.

B.

C. 11 × 1 = 11

MULTIPLICATION TABLE

Table # 11

2. Lets learn 11 × 2 = 22

A.

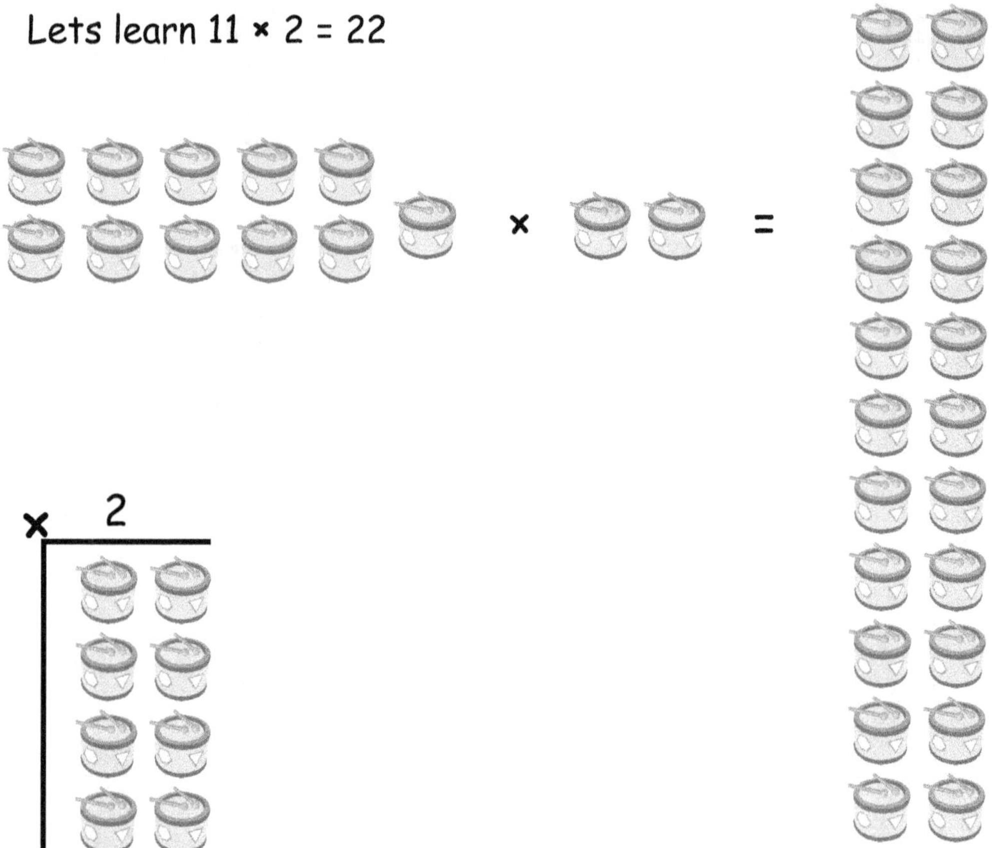

B.

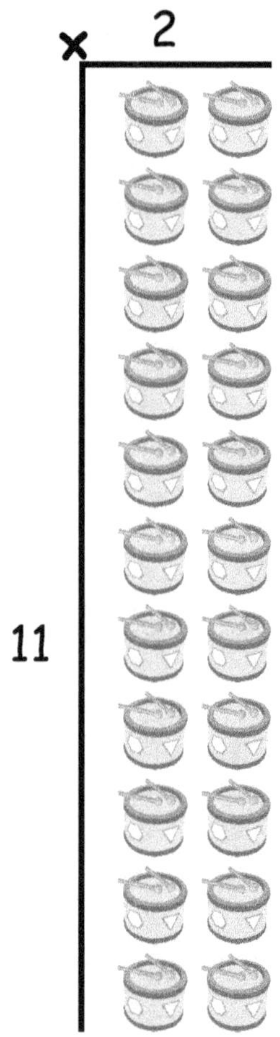

× 2

11

=

C. 11 × 2 = 22

MULTIPLICATION TABLE

Table # 11

3. Let's learn 11 × 3 = 33

A.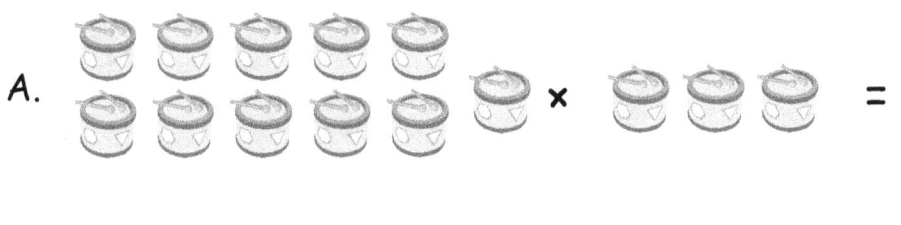

B.

C. 11 × 3 = 33

MULTIPLICATION TABLE

Table # 11

4. Lets learn 11 × 4 = 44

A.

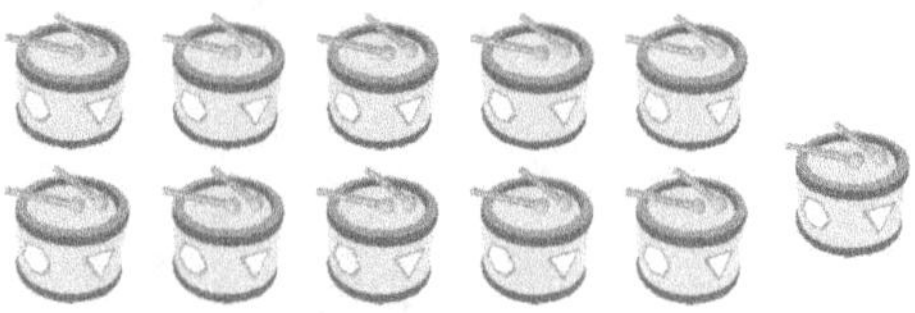

B.

C. 11 × 4 = 44

MULTIPLICATION TABLE

Table # 11

5. Lets learn 11 × 5 = 55

A.

B.

C. $\boxed{11 \times 5 = 55}$

MULTIPLICATION TABLE

Table # 11

6. Lets learn 11 × 6 = 66

A.

B.

C. 11 × 6 = 66

MULTIPLICATION TABLE

Table # 11

7. Lets learn 11 × 7 = 77

A.

B.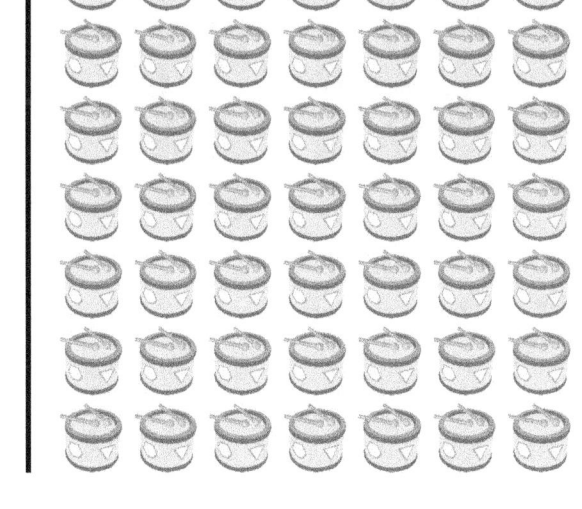

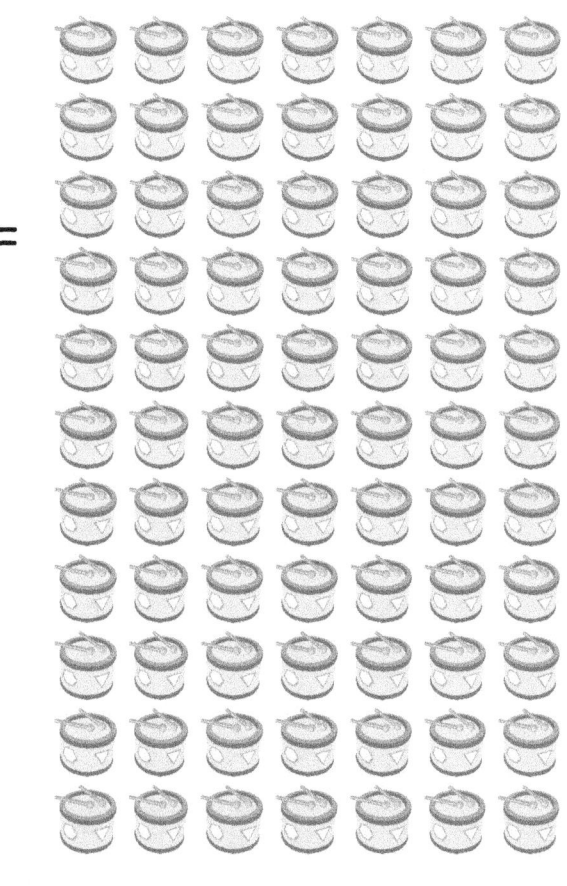

C. 11 × 7 = 77

MULTIPLICATION TABLE

Table # 11

8. Lets learn 11 × 8 = 88

A. 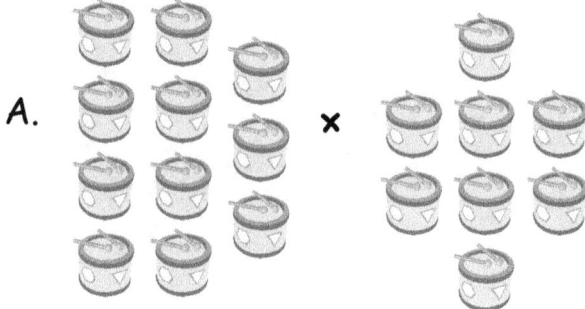 =

B. 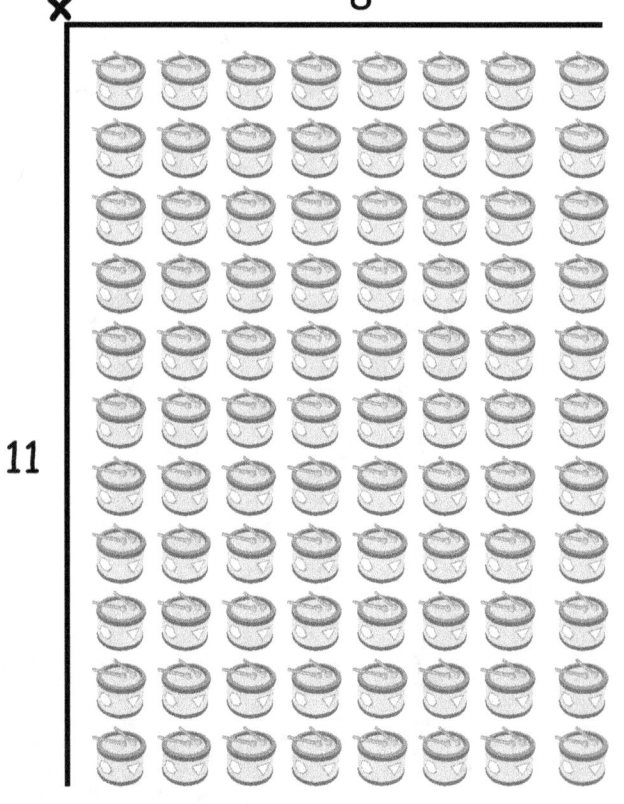 =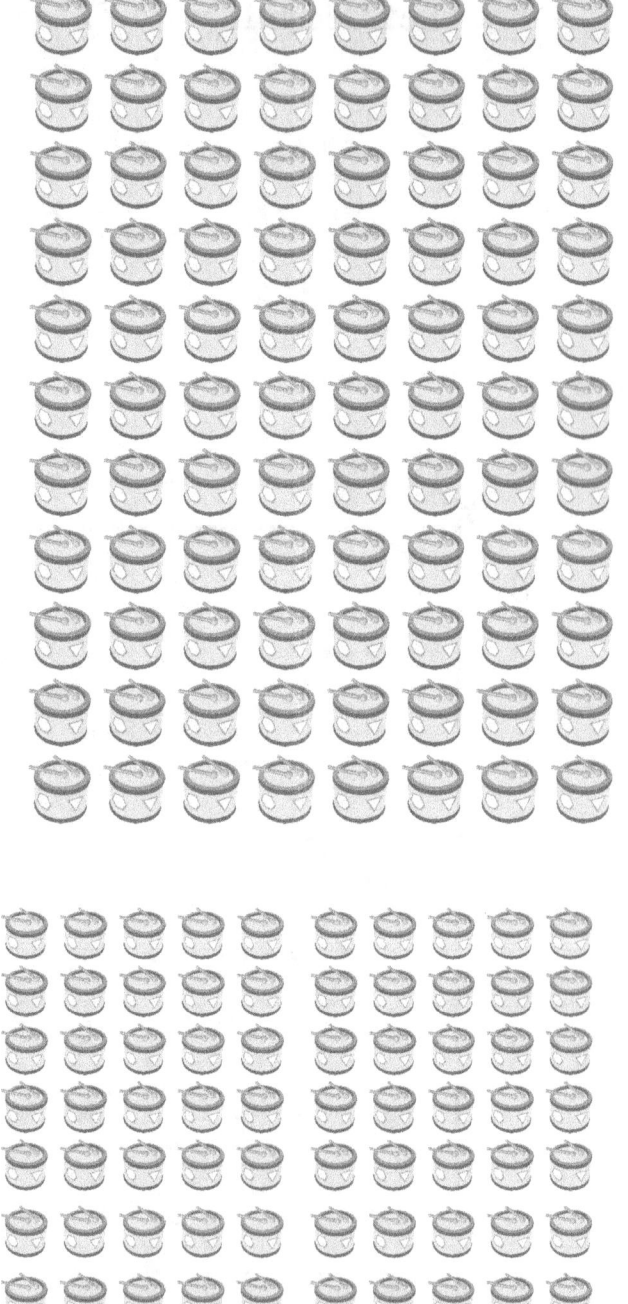

C. $\boxed{11 \times 8 = 88}$

MULTIPLICATION TABLE

Table # 11

9. Lets learn 11 × 9 = 99

A. 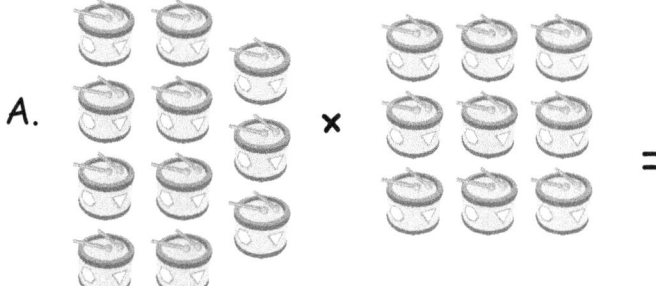 =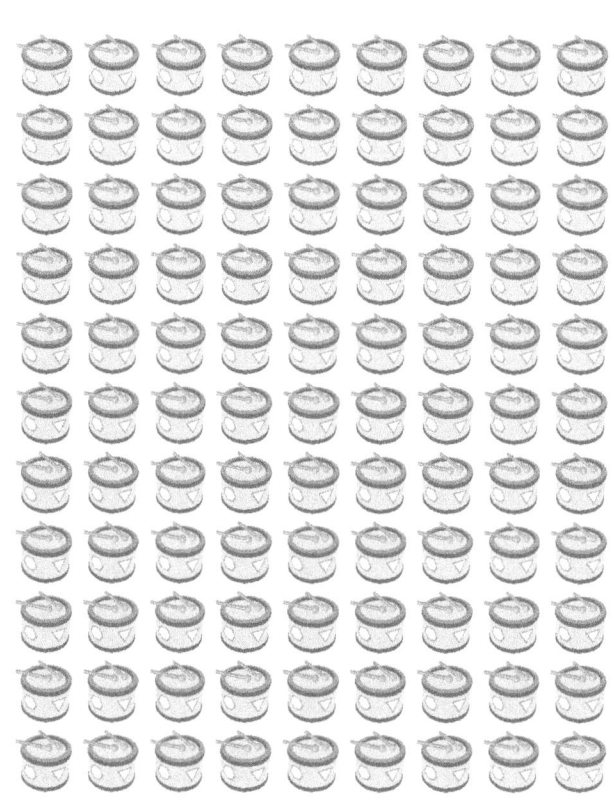

B.

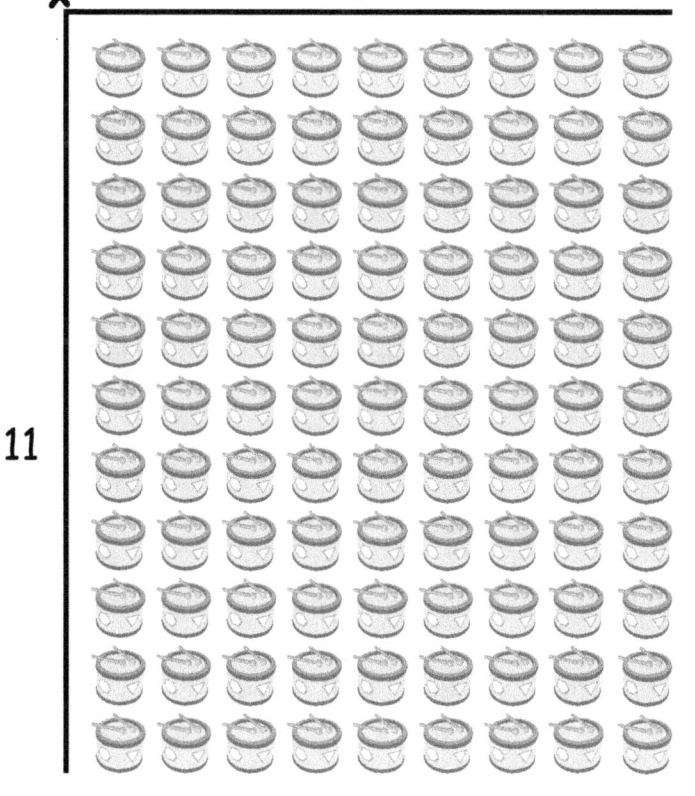 =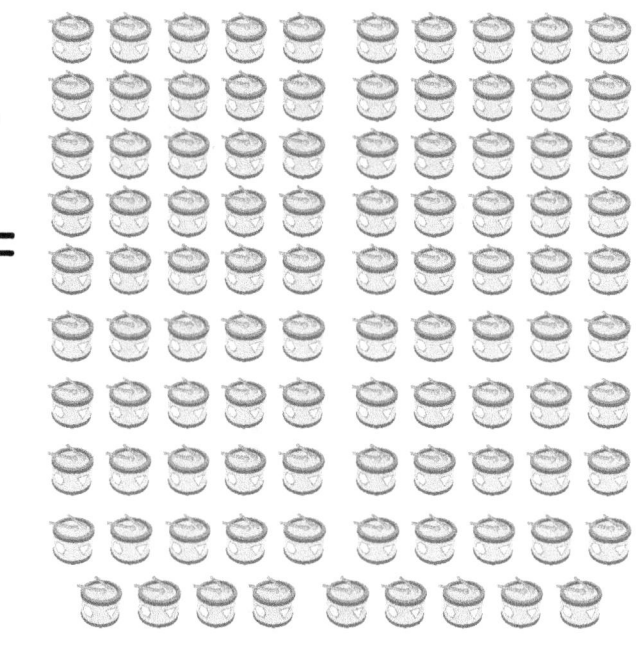

C. 11 × 9 = 99

MULTIPLICATION TABLE

Table # 11

10. Lets learn 11 × 10 = 110

A.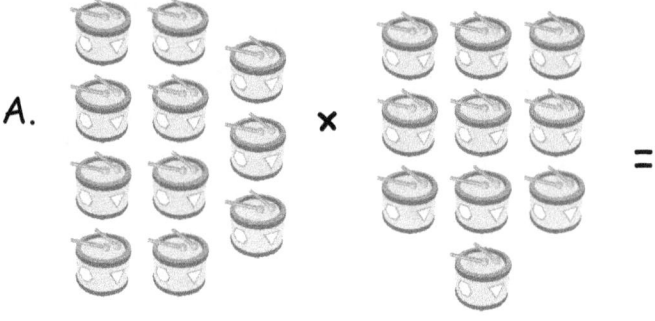

B.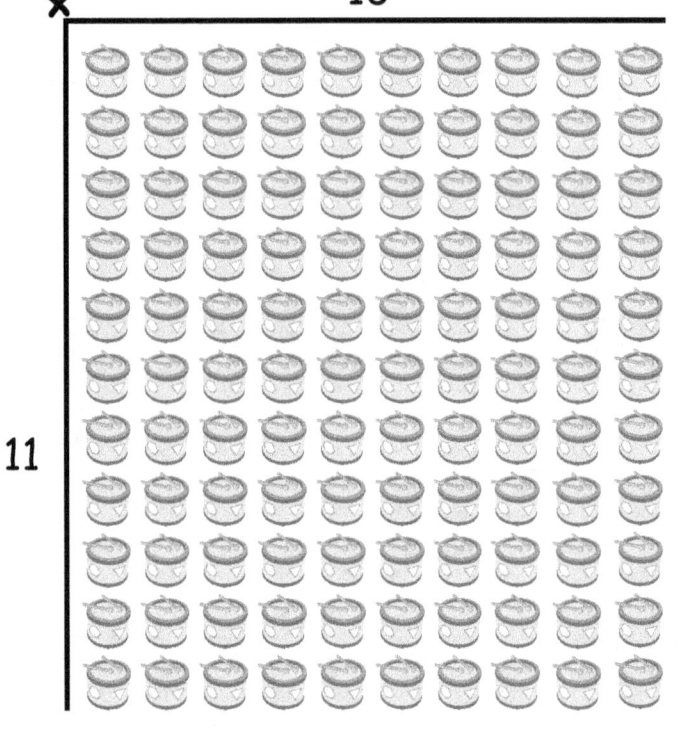

C. 11 × 10 = 110

MULTIPLICATION TABLE

Table # 11

11. Lets learn 11 × 11 = 121

A.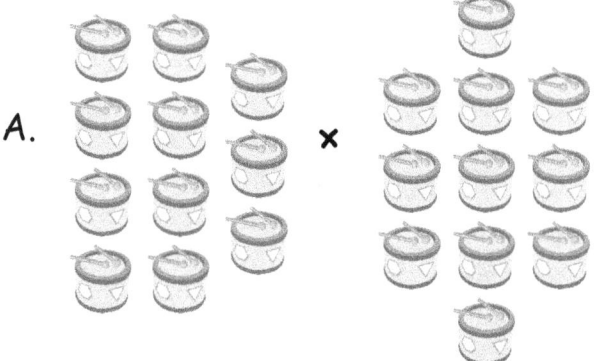

B.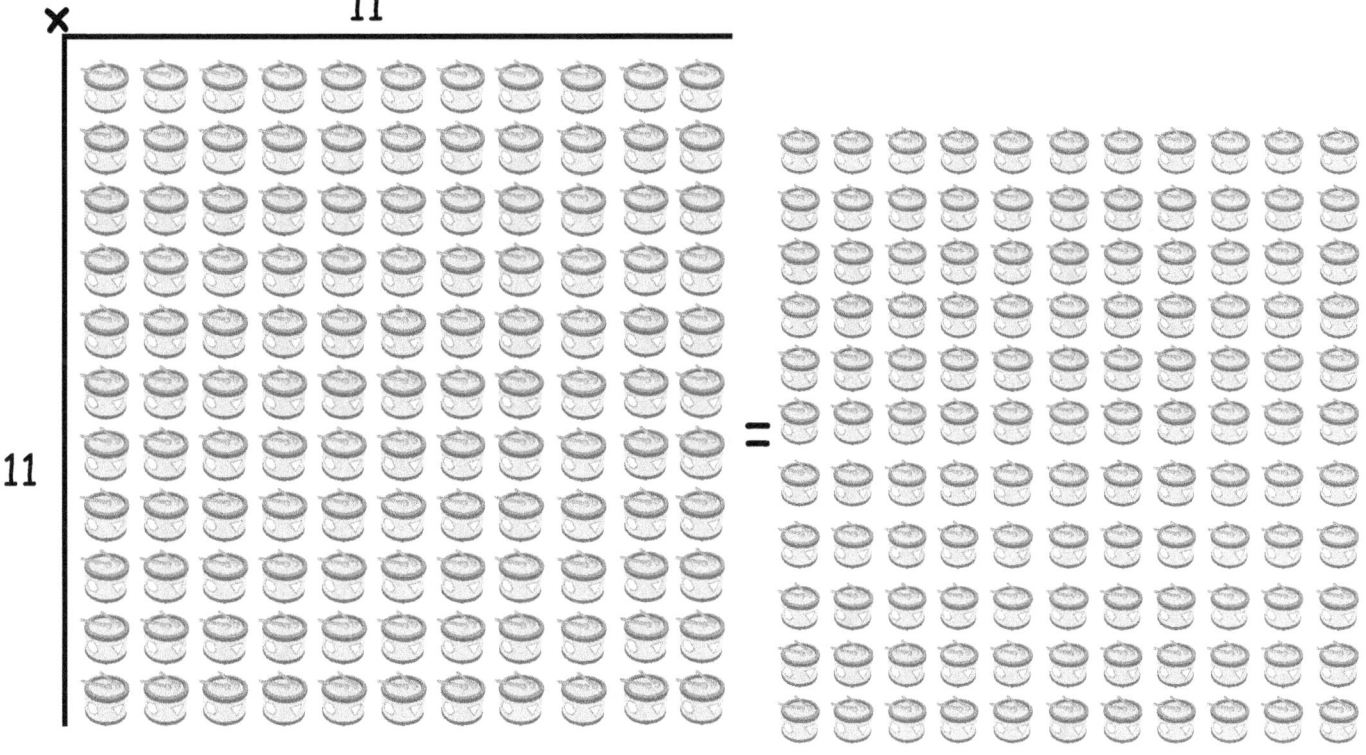

C. 11 × 11 = 121

MULTIPLICATION TABLE

Table # 11

12. Lets learn 11 × 12 = 132

A. 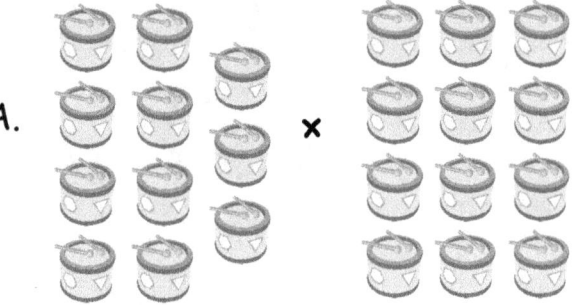 × =

B.

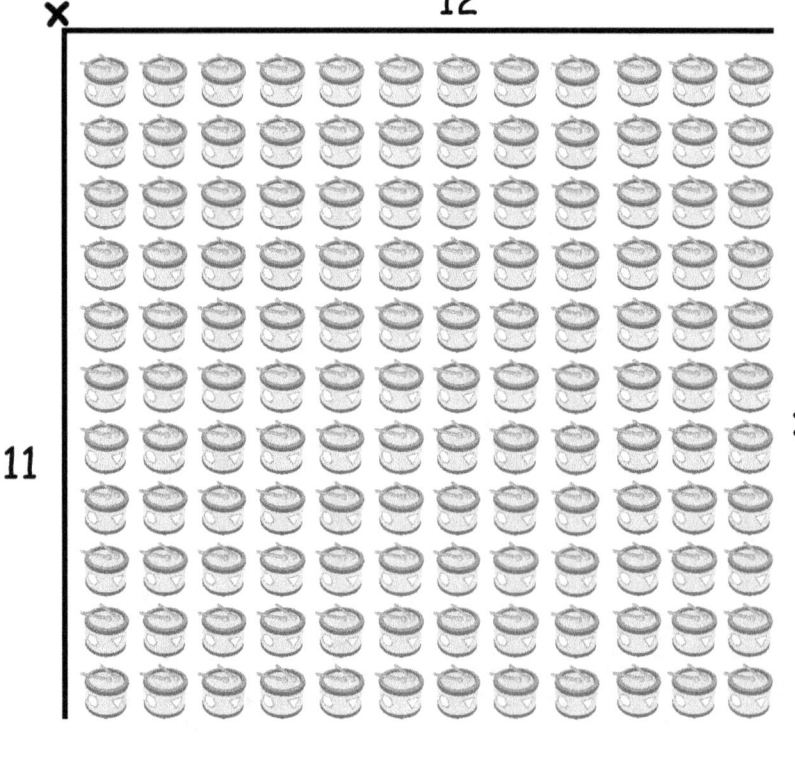

C. 11 × 12 = 132

Exercise - 1

(A) 11 × 0

(B) 11 × 1

(C) 11 × 2

(D) 11 × 3

(E) 11 × 4

(F) 11 × 5

(G) 11 × 6

(H) 11 × 7

(I) 11 × 8

(J) 11 × 9

(K) 11 × 10

(L) 11 × 11

(M) 11 × 12

MULTIPLICATION FACTS

Table # 11

Exercise - 2

Match the below multiplication facts

					Answer
a	11 × 3	n	121		_____
b	11 × 9	o	132		_____
c	11 × 4	p	44		_____
d	11 × 0	q	22		_____
e	11 × 11	r	33		_____
f	11 × 5	s	11		_____
g	11 × 2	t	0		_____
h	11 × 7	u	77		_____
i	11 × 10	v	55		_____
j	11 × 12	w	110		_____
k	11 × 8	x	66		_____
l	11 × 1	y	88		_____
m	11 × 6	z	99		_____

MULTIPLICATION FACTS

Table # 11

Exercise - 3

1. I am a number, when I double myself, am equal to 22. What am I ?

    (A) 6   (B) 2

    (C) 3   (D) 11

2. I am a number, when I increase myself 8 times, am equal to 88. What am I?

    (A) 11   (B) 16

    (C) 12   (D) 8

3. I am a number, when I increase myself 10 times, am equal to 110. What am I ?

    (A) 6   (B) 20

    (C) 11   (D) 18

4. I am a number, when I triple myself, am equal to 33. What am I ?

    (A) 15   (B) 6

    (C) 12   (D) 11

5. I am a number, when I increase myself 6 times, am equal to 66. What am I ?

    (A) 11   (B) 12

    (C) 6   (D) 15

MULTIPLICATION FACTS

Table # 11

6. I am a number, when I increase myself 12 times, am equal to 132. What am I ?

   (A) 12　　　　　　　　　　(B) 24

   (C) 18　　　　　　　　　　(D) 11

7. I am a number, when I increase myself 5 times, am equal to 55. What am I ?

   (A) 7　　　　　　　　　　 (B) 11

   (C) 15　　　　　　　　　　(D) 5

8. I am a number, when I increase myself 11 times, am equal to 121. What am I ?

   (A) 11　　　　　　　　　　(B) 10

   (C) 0　　　　　　　　　　 (D) 33

9. I am a number, when I quadrupole myself, am equal to 44. What am I ?

   (A) 12　　　　　　　　　　(B) 24

   (C) 11　　　　　　　　　　(D) 6

MULTIPLICATION FACTS

Table # 11

10. I am a number, when I increase myself 7 times, am equal to 77. What am I ?

   (A) 7 (B) 21

   (C) 11 (D) 10

11. I am a number, when I increase myself 9 times, am equal to 99. What am I ?

   (A) 11 (B) 18

   (C) 9 (D) 27

Exercise - 4

Solve the maze run below.

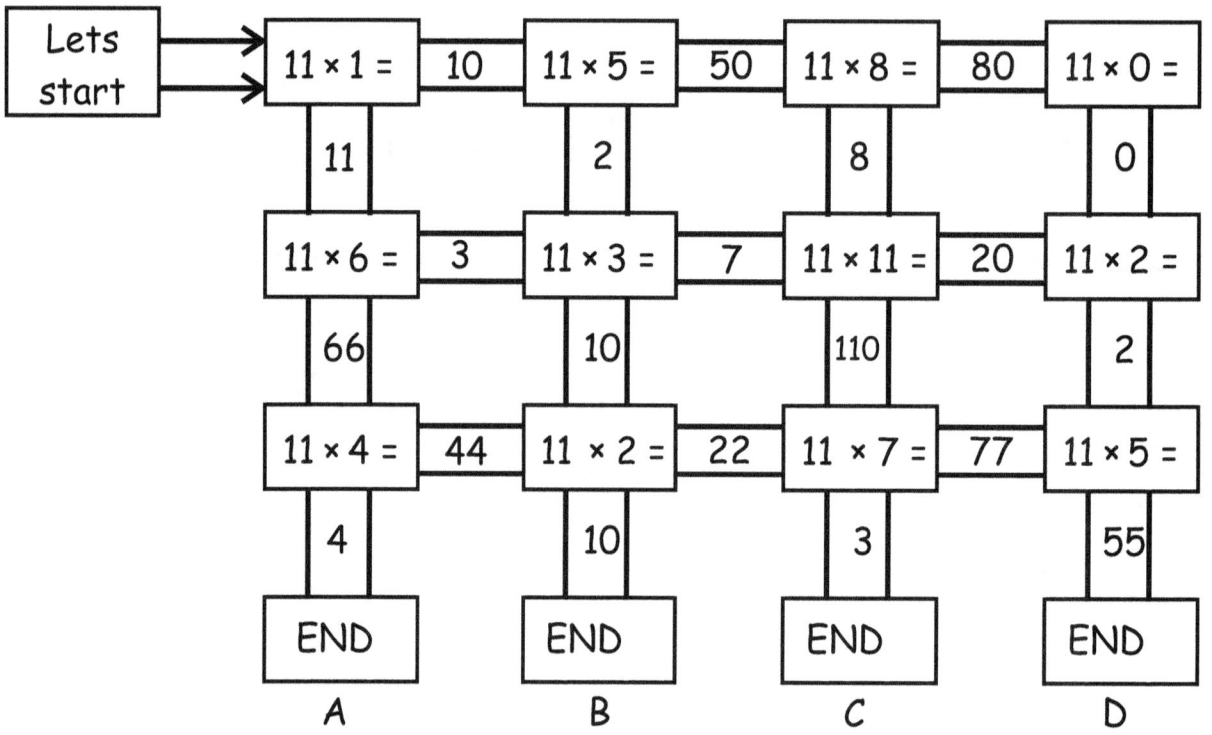

Who won the race? _____

MULTIPLICATION FACTS

Table # 11

Exercise - 5

1. 11 × ☐ = 11 then ☐ = _____

2. 11 × ☐ = 22 then ☐ = _____

3. 11 × ☐ = 33 then ☐ = _____

4. 11 × ☐ = 44 then ☐ = _____

5. 11 × ☐ = 55 then ☐ = _____

6. 11 × ☐ = 66 then ☐ = _____

7. 11 × ☐ = 77 then ☐ = _____

8. 11 × ☐ = 88 then ☐ = _____

9. 11 × ☐ = 99 then ☐ = _____

10. 11 × ☐ = 110 then ☐ = _____

11. 11 × ☐ = 121 then ☐ = _____

12. 11 × ☐ = 132 then ☐ = _____

Hey you are an expert of table 11!!!

MULTIPLICATION TABLE

Table # 12

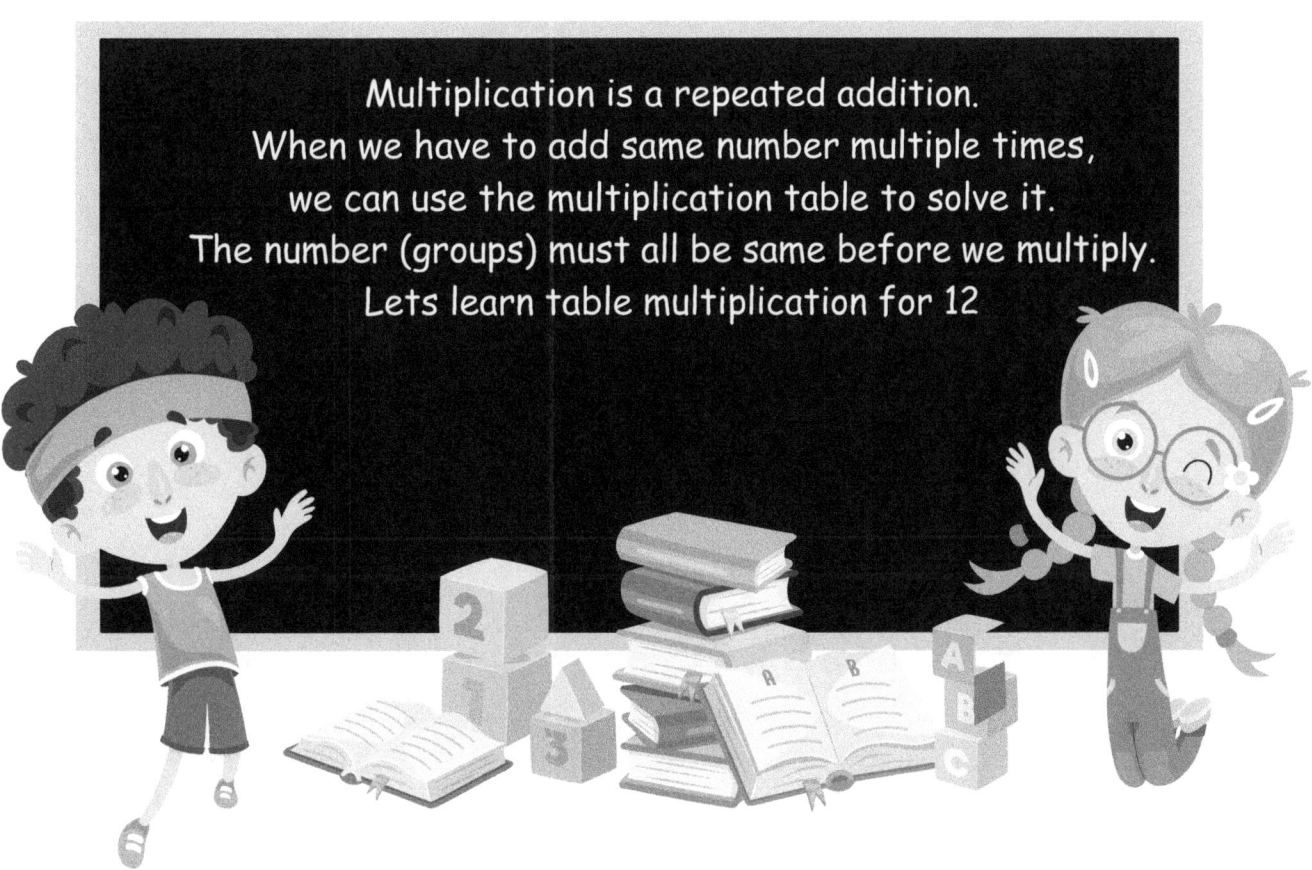

Multiplication is a repeated addition.
When we have to add same number multiple times,
we can use the multiplication table to solve it.
The number (groups) must all be same before we multiply.
Lets learn table multiplication for 12

MULTIPLICATION TABLE

Table # 12

1. Lets learn 12 × 1 = 12

A.

B.

× 1

12

C. 12 × 1 = 12

MULTIPLICATION TABLE

Table # 12

2. Lets learn 12 × 2 = 24

A.

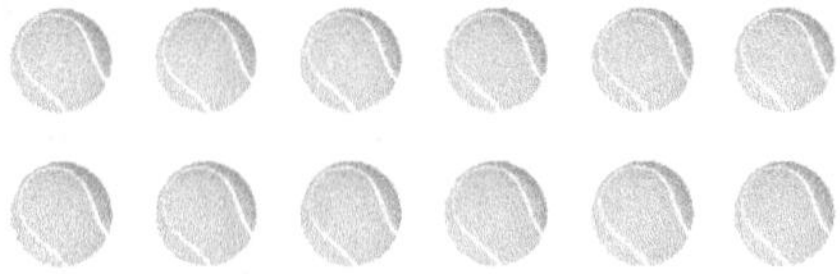

B.

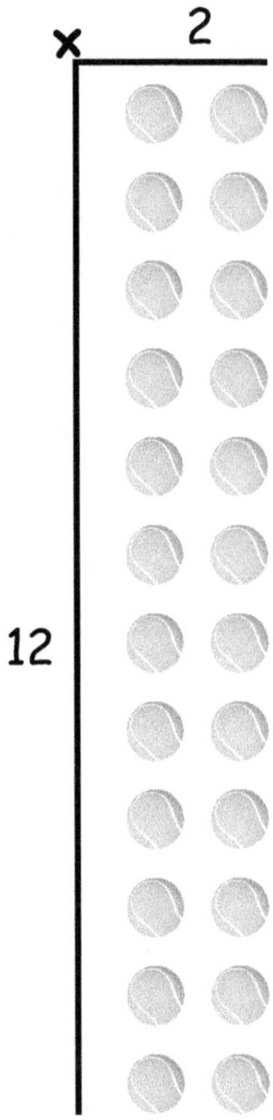

12 × 2 = 24

C. $\boxed{12 \times 2 = 24}$

MULTIPLICATION TABLE

Table # 12

3. Lets learn 12 × 3 = 36

A. ● × ● = ●

B. 12 × 3 = ●

C. 12 × 3 = 36

MULTIPLICATION TABLE

Table # 12

4. Lets learn 12 × 4 = 48

A.

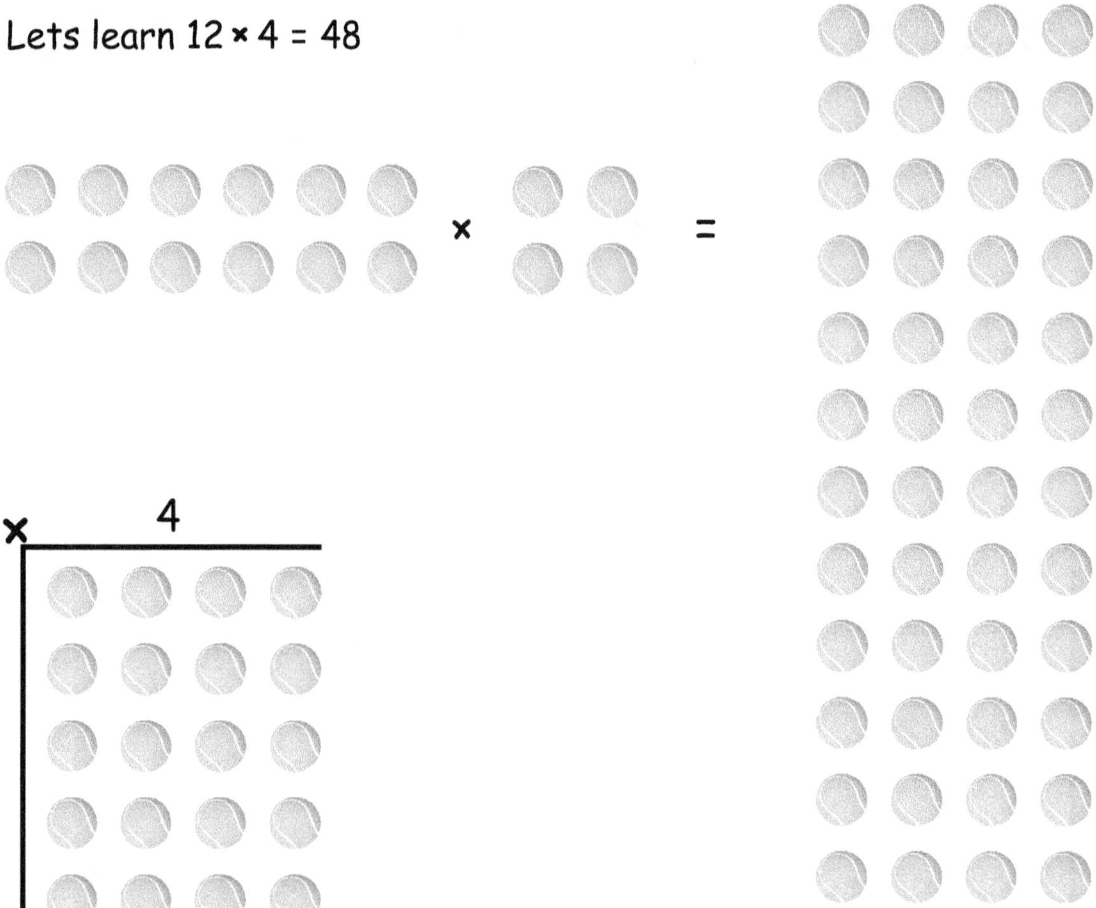

B. × 4 / 12

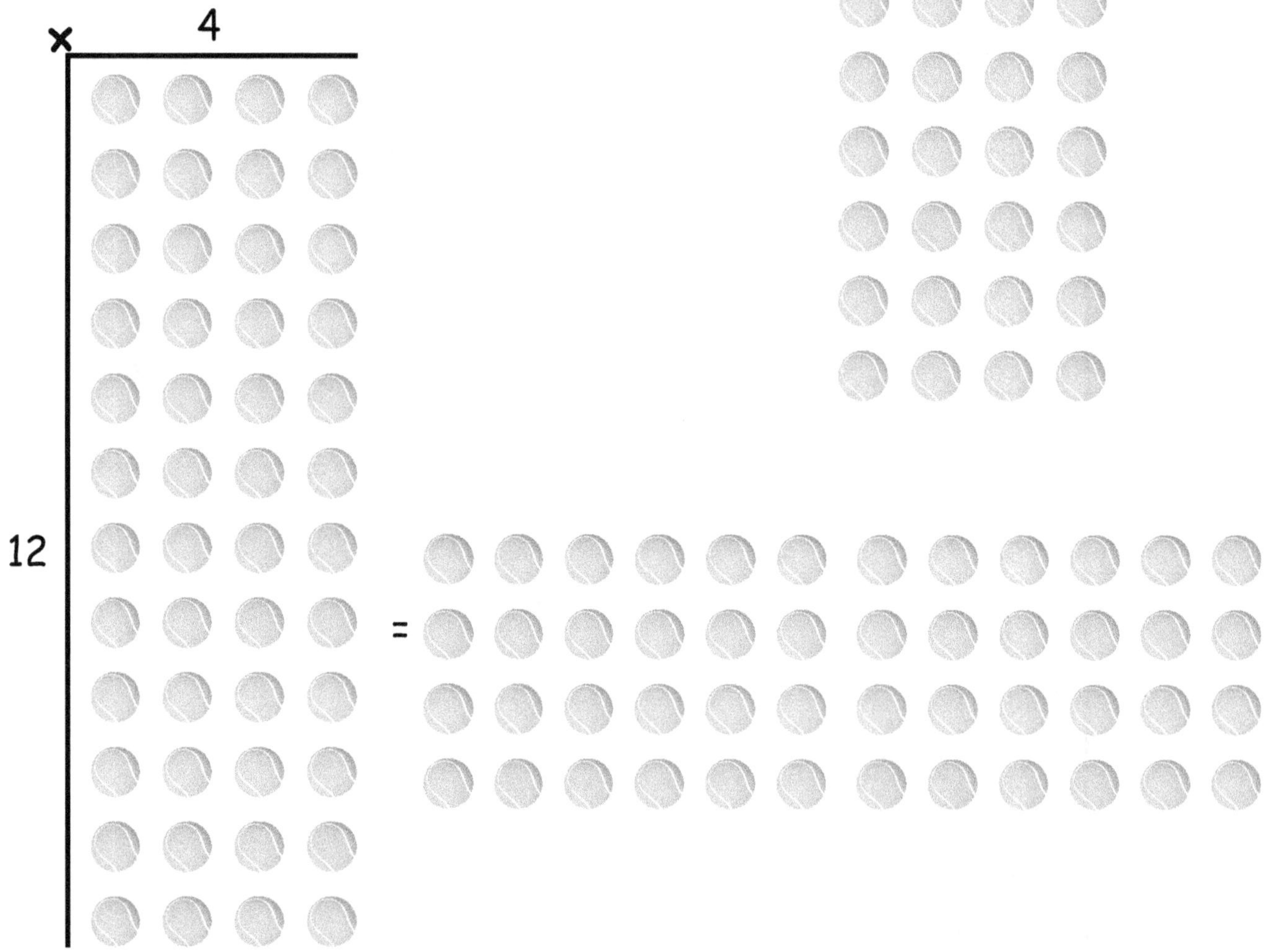

C. 12 × 4 = 48

MULTIPLICATION TABLE

Table # 12

5. Lets learn 12 × 5 = 60

A.

B. × 5

   12

C. 12 × 5 = 60

MULTIPLICATION TABLE

Table # 12

6. Lets learn 12 × 6 = 72

A.

B.

6

12

C. 12 × 6 = 72

 **MULTIPLICATION TABLE**

 Table # 12

7. Lets learn 12 × 7 = 84

A.

B.

C.  12 × 7 = 84

MULTIPLICATION TABLE

Table # 12

8. Lets learn 12 × 8 = 96

A. 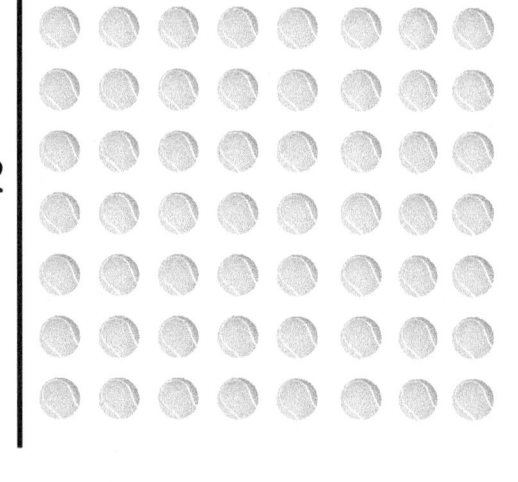 ×  =

B.

× 8
12
=

C. 12 × 8 = 96

MULTIPLICATION TABLE

Table # 12

9. Lets learn $12 \times 9 = 108$

A.

B.

C. $12 \times 9 = 108$

MULTIPLICATION TABLE

Table # 12

10. Lets learn 12 × 10 = 120

A. 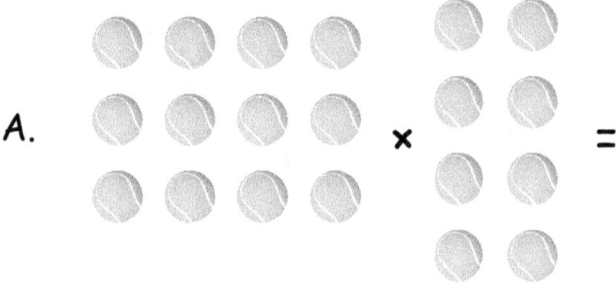 × =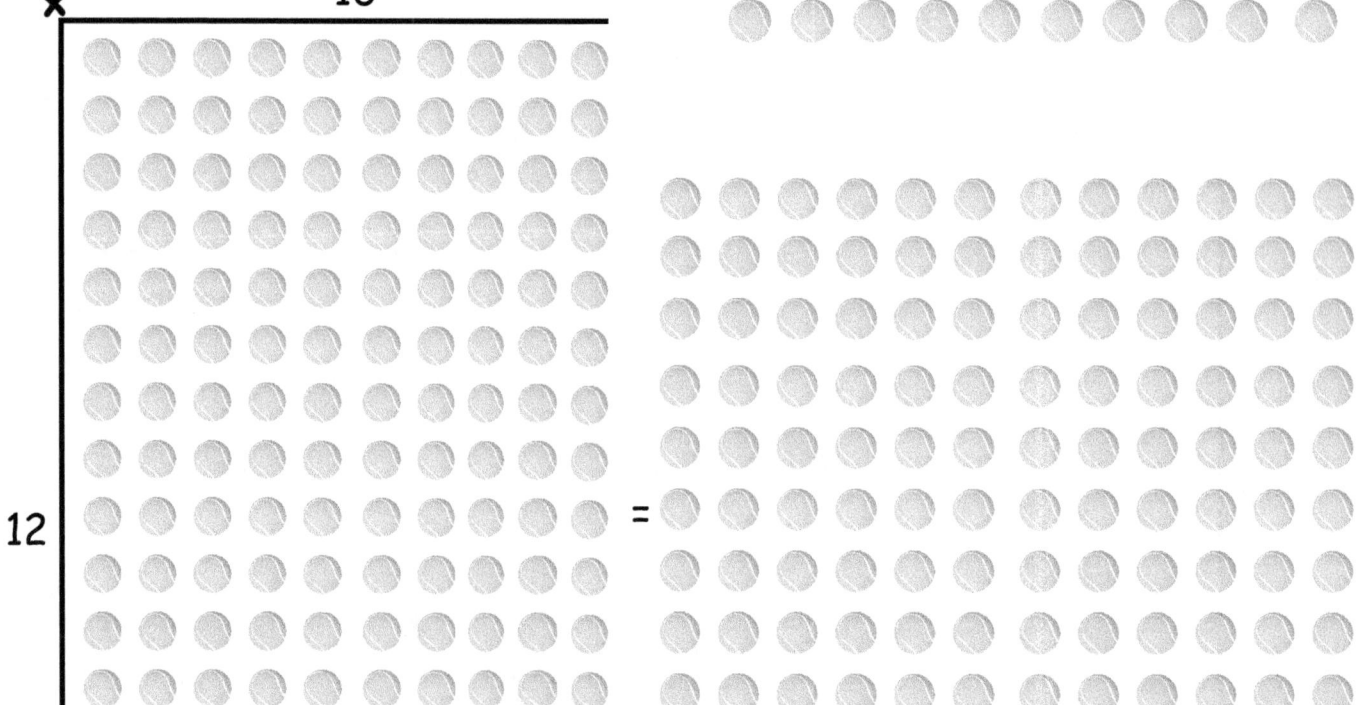

B.

C. 12 × 10 = 120

MULTIPLICATION TABLE

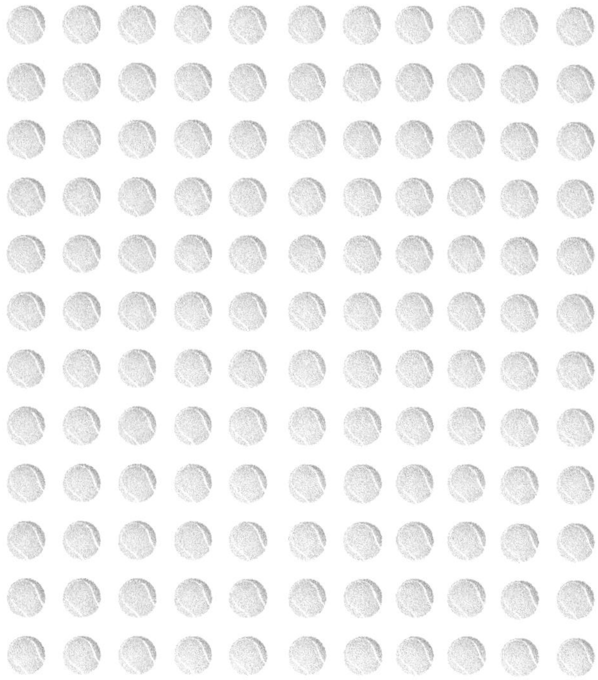

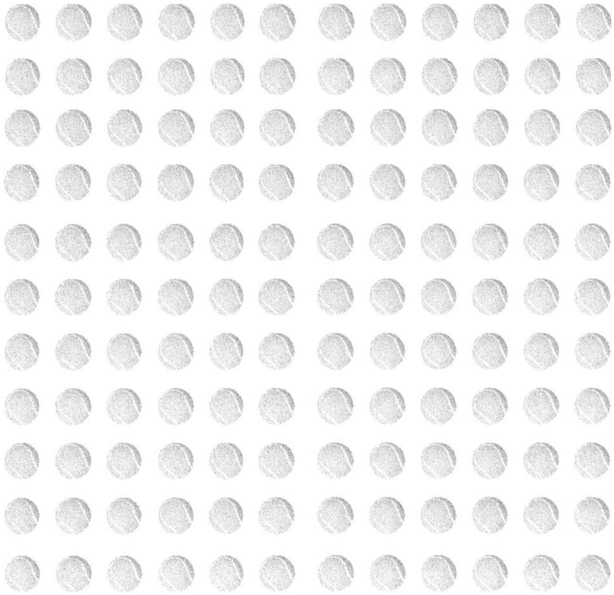

Table # 12

11. Lets learn 12 × 11 = 132

A.

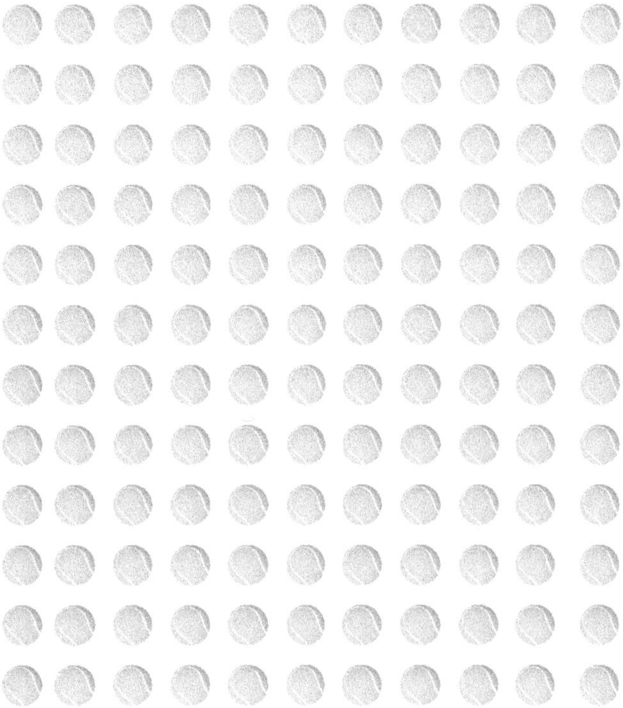

B.

C. 12 × 11 = 132

MULTIPLICATION TABLE

Table # 12

12. Lets learn 12 × 12 = 144

A.  ×  =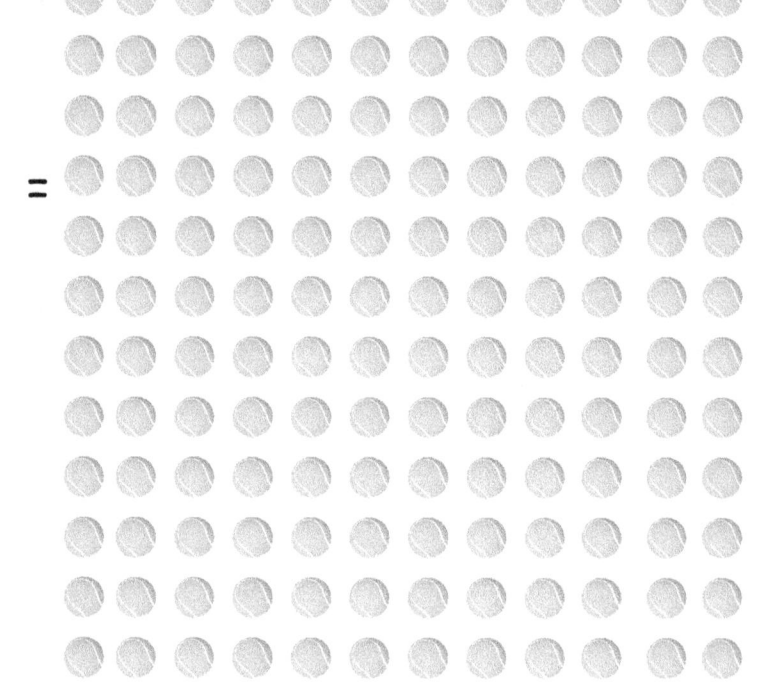

B.

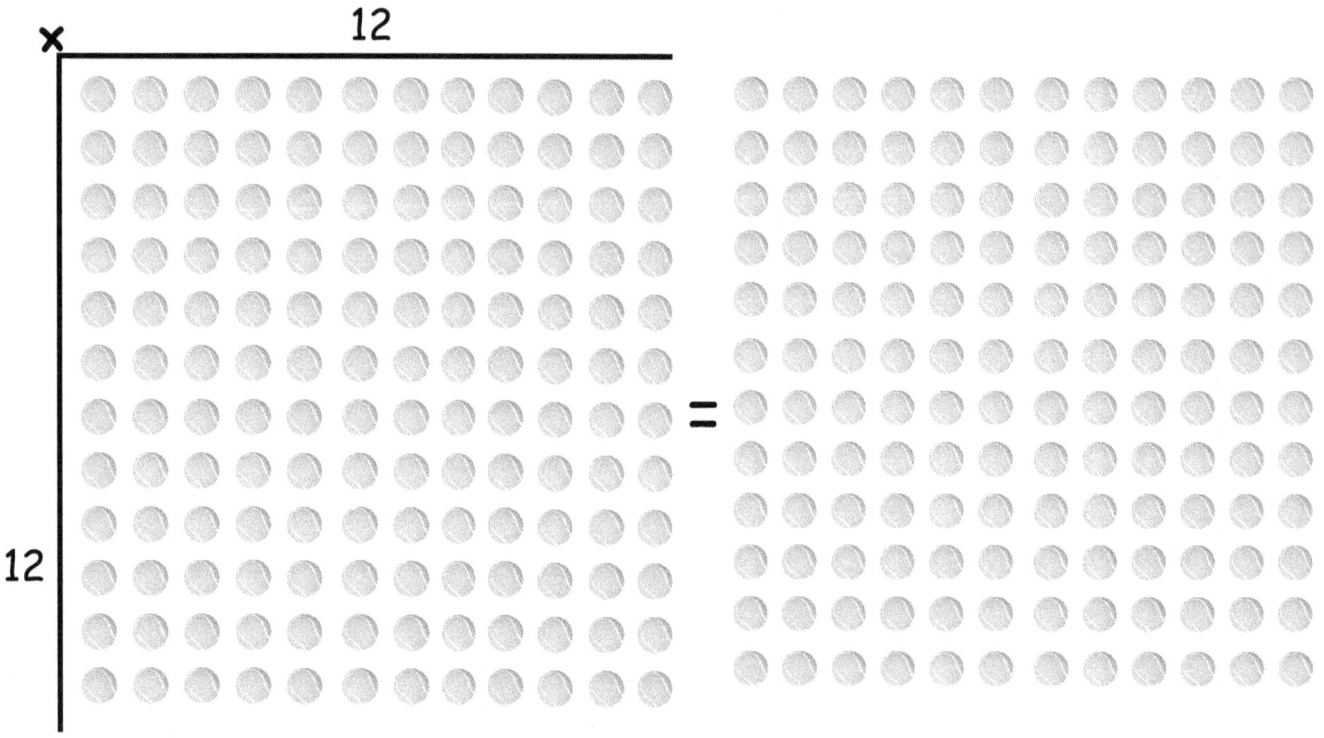

C. 12 × 12 = 144

MULTIPLICATION FACTS

Table # 12

Exercise - 1

(A) 12
   × 0
   ___
   ___

(B) 12
   × 1
   ___
   ___

(C) 12
   × 2
   ___
   ___

(D) 12
   × 3
   ___
   ___

(E) 12
   × 4
   ___
   ___

(F) 12
   × 5
   ___
   ___

(G) 12
   × 6
   ___
   ___

(H) 12
   × 7
   ___
   ___

(I) 12
   × 8
   ___
   ___

(J) 12
   × 9
   ___
   ___

(K) 12
   × 10
   ___
   ___

(L) 12
   × 11
   ___
   ___

(M) 12
   × 12
   ___
   ___

MULTIPLICATION FACTS

Table # 12

Exercise - 2

Match the below multiplication facts

					Answer
a	12 × 3	n	132		_____
b	12 × 9	o	144		_____
c	12 × 4	p	48		_____
d	12 × 0	q	24		_____
e	12 × 11	r	36		_____
f	12 × 5	s	12		_____
g	12 × 2	t	0		_____
h	12 × 7	u	84		_____
i	12 × 10	v	60		_____
j	12 × 12	w	120		_____
k	12 × 8	x	72		_____
l	12 × 1	y	96		_____
m	12 × 6	z	108		_____

Exercise - 3

1. I am a number, when I double myself, am equal to 24. What am I ?

   (A) 6 (B) 2

   (C) 3 (D) 12

2. I am a number, when I increase myself 8 times, am equal to 96. What am I?

   (A) 12 (B) 16

   (C) 11 (D) 8

3. I am a number, when I increase myself 10 times, am equal to 120. What am I ?

   (A) 6 (B) 20

   (C) 12 (D) 18

4. I am a number, when I triple myself, am equal to 36. What am I ?

   (A) 15 (B) 6

   (C) 11 (D) 12

5. I am a number, when I increase myself 6 times, am equal to 72. What am I ?

   (A) 12 (B) 11

   (C) 6 (D) 15

MULTIPLICATION FACTS

Table # 12

6. I am a number, when I increase myself 12 times, am equal to 144. What am I ?

   (A) 11 (B) 24
   (C) 18 (D) 12

7. I am a number, when I increase myself 5 times, am equal to 60. What am I ?

   (A) 7   (B) 12
   (C) 15 (D) 5

8. I am a number, when I increase myself 11 times, am equal to 132. What am I ?

   (A) 12 (B) 10
   (C) 0   (D) 33

9. I am a number, when I quadrupole myself, am equal to 48. What am I ?

   (A) 11 (B) 24
   (C) 12 (D) 6

MULTIPLICATION FACTS

Table # 12

10. I am a number, when I increase myself 7 times, am equal to 84. What am I ?

    (A) 7   (B) 21

    (C) 12   (D) 10

11. I am a number, when I increase myself 9 times, am equal to 108. What am I ?

    (A) 12   (B) 18

    (C) 9   (D) 27

Exercise - 4

Solve the maze run below.

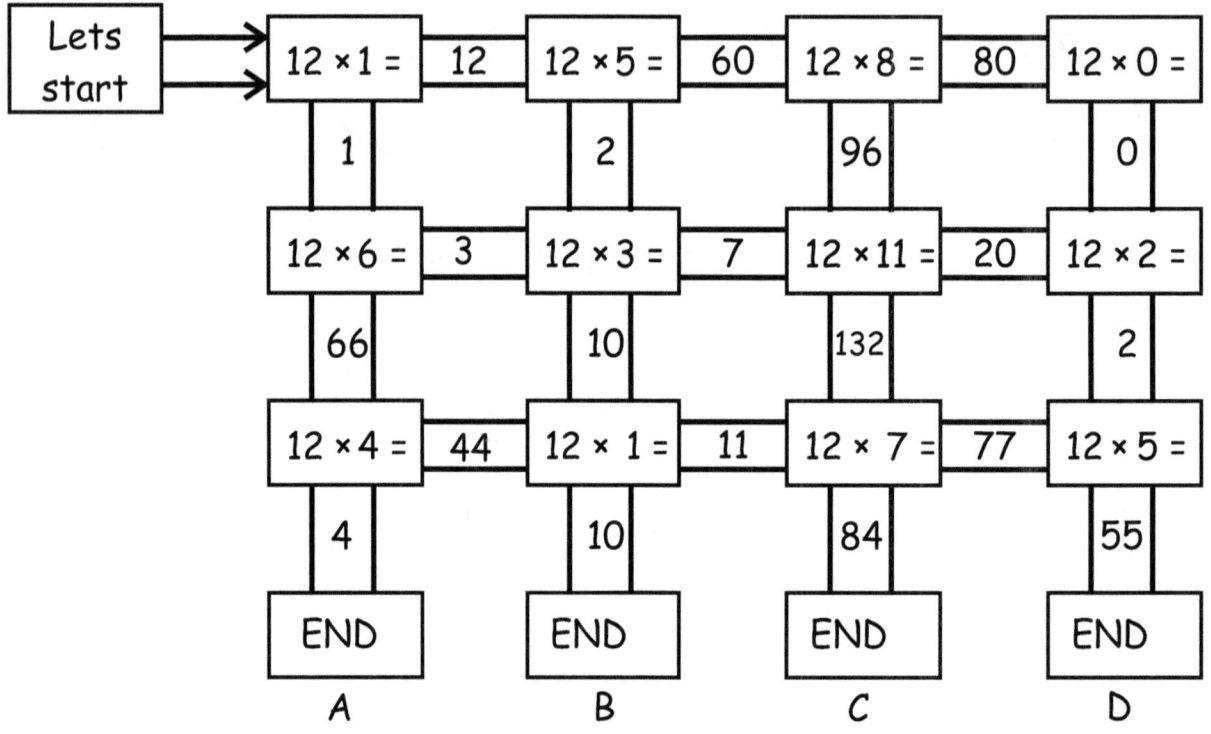

Who won the race ? _____

MULTIPLICATION FACTS

Table # 12

Exercise - 5

1. 12 × ☐ = 12   then   ☐ = _____
2. 12 × ☐ = 24   then   ☐ = _____
3. 12 × ☐ = 36   then   ☐ = _____
4. 12 × ☐ = 48   then   ☐ = _____
5. 12 × ☐ = 60   then   ☐ = _____
6. 12 × ☐ = 72   then   ☐ = _____
7. 12 × ☐ = 84   then   ☐ = _____
8. 12 × ☐ = 96   then   ☐ = _____
9. 12 × ☐ = 108   then   ☐ = _____
10. 12 × ☐ = 120   then   ☐ = _____
11. 12 × ☐ = 132   then   ☐ = _____
12. 12 × ☐ = 144   then   ☐ = _____

Hey you are an expert of table 12!!!

MULTIPLICATION FACTS

Table #1

Exercise - 1

(A) 1 × 0 = 0

(B) 1 × 1 = 1

(C) 1 × 2 = 2

(D) 1 × 3 = 3

(E) 1 × 4 = 4

(F) 1 × 5 = 5

(G) 1 × 6 = 6

(H) 1 × 7 = 7

(I) 1 × 8 = 8

(J) 1 × 9 = 9

(K) 1 × 10 = 10

(L) 1 × 11 = 11

(M) 1 × 12 = 12

Exercise - 2
Match the below multiplication facts

					Answer
a	1 × 3	n	11		a - r
b	1 × 9	o	12		b - z
c	1 × 4	p	4		c - p
d	1 × 0	q	2		d - t
e	1 × 11	r	3		e - n
f	1 × 5	s	1		f - v
g	1 × 2	t	0		g - q
h	1 × 7	u	7		h - u
i	1 × 10	v	5		i - w
j	1 × 12	w	10		j - o
k	1 × 8	x	6		k - y
l	1 × 1	y	8		l - s
m	1 × 6	z	9		m - x

MULTIPLICATION FACTS

Table # 1

 **Exercise - 3**

1. D
2. A
3. C
4. D
5. A
6. D
7. B
8. A
9. C
10. C
11. A

Exercise - 4

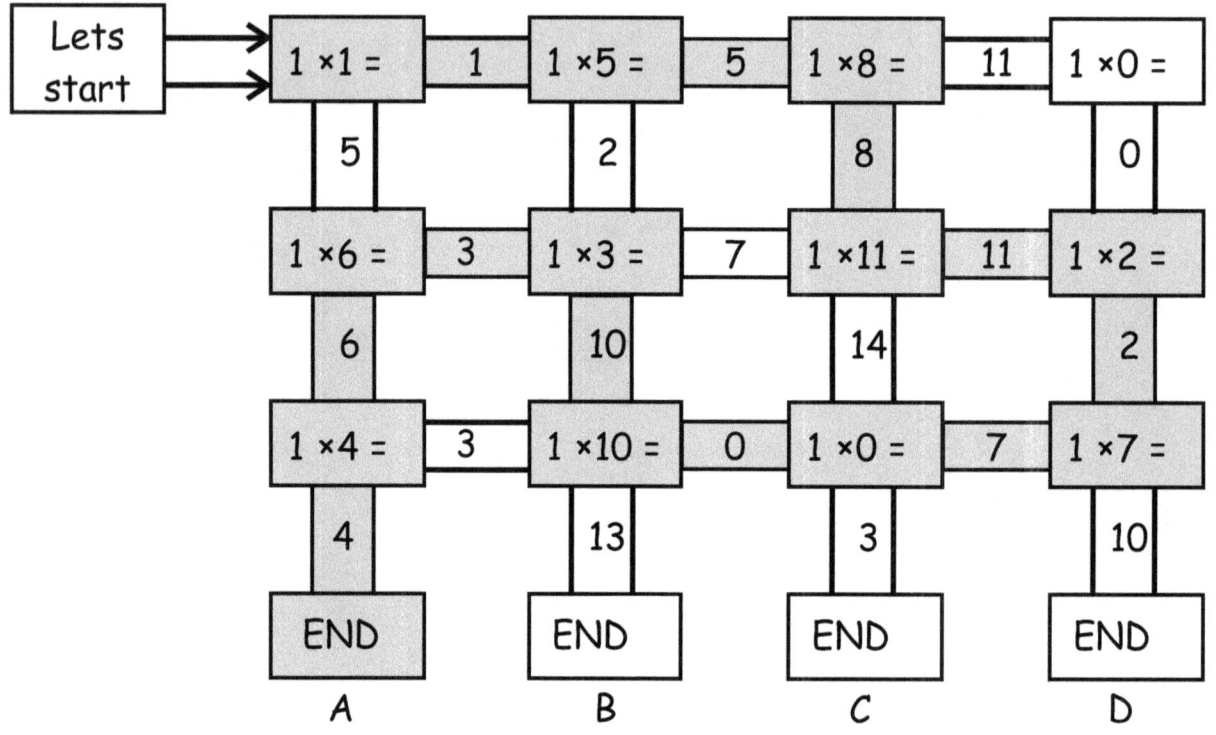

Who won the race ? ____A____

MULTIPLICATION FACTS

Table # 1

Exercise - 5

1. 1 × ☐ = 1   then   ☐ = __1__
2. 1 × ☐ = 2   then   ☐ = __2__
3. 1 × ☐ = 3   then   ☐ = __3__
4. 1 × ☐ = 4   then   ☐ = __4__
5. 1 × ☐ = 5   then   ☐ = __5__
6. 1 × ☐ = 6   then   ☐ = __6__
7. 1 × ☐ = 7   then   ☐ = __7__
8. 1 × ☐ = 8   then   ☐ = __8__
9. 1 × ☐ = 9   then   ☐ = __9__
10. 1 × ☐ = 10 then   ☐ = __10__
11. 1 × ☐ = 11 then   ☐ = __11__
12. 1 × ☐ = 12 then   ☐ = __12__

Hey you are an expert of table 1!!!

MULTIPLICATION FACTS

Table # 2

Exercise - 1

(A) 2 × 0 = 0

(B) 2 × 1 = 2

(C) 2 × 2 = 4

(D) 2 × 3 = 6

(E) 2 × 4 = 8

(F) 2 × 5 = 10

(G) 2 × 6 = 12

(H) 2 × 7 = 14

(I) 2 × 8 = 16

(J) 2 × 9 = 18

(K) 2 × 10 = 20

(L) 2 × 11 = 22

(M) 2 × 12 = 24

MULTIPLICATION FACTS

Table # 2

Exercise - 2

Match the below multiplication facts

						Answer
a	2 × 3	n	22			a - r
b	2 × 9	o	24			b - z
c	2 × 4	p	8			c - p
d	2 × 0	q	4			d - t
e	2 × 11	r	6			e - n
f	2 × 5	s	2			f - v
g	2 × 2	t	0			g - q
h	2 × 7	u	14			h - u
i	2 × 10	v	10			i - w
j	2 × 12	w	20			j - o
k	2 × 8	x	12			k - y
l	2 × 1	y	16			l - s
m	2 × 6	z	18			m - x

MULTIPLICATION FACTS

Table # 2

Exercise - 3

1. D
2. A
3. C
4. D
5. A
6. D
7. B
8. A
9. C
10. C
11. A

Exercise - 4

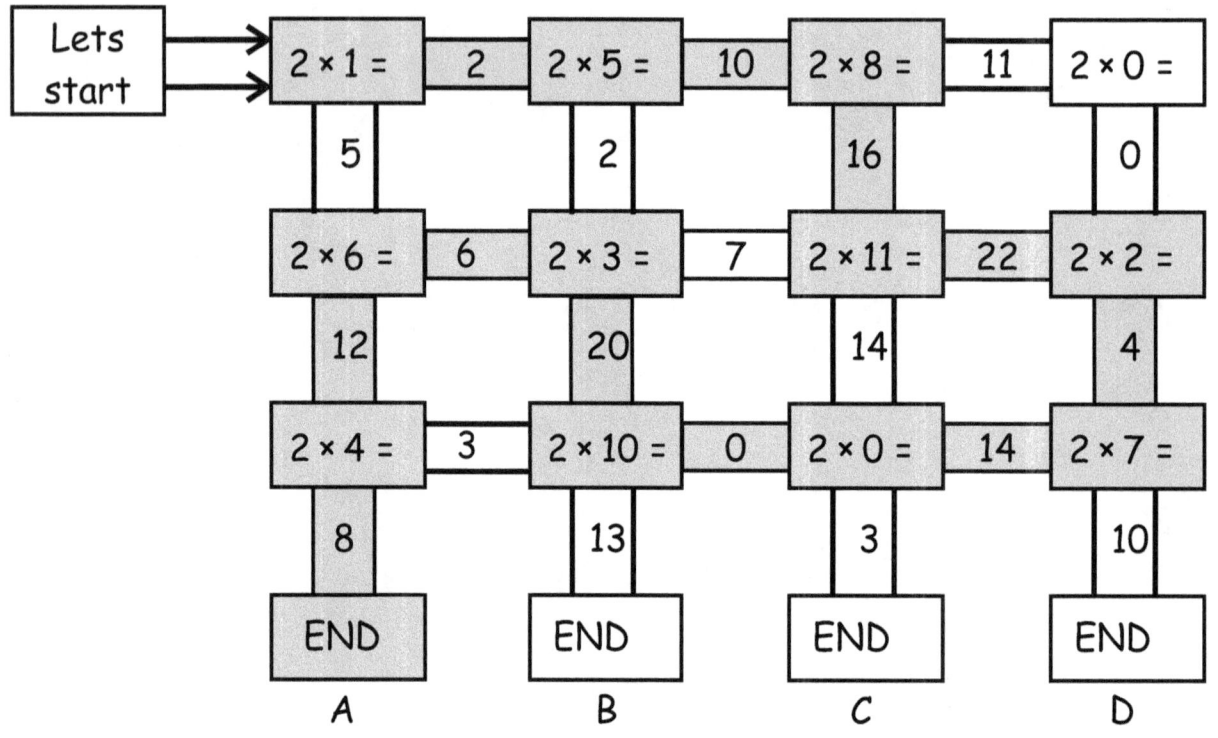

Who won the race? _____A_____

MULTIPLICATION FACTS

Table # 2

Exercise - 5

1. 2 × ☐ = 2   then ☐ = __1__
2. 2 × ☐ = 4   then ☐ = __2__
3. 2 × ☐ = 6   then ☐ = __3__
4. 2 × ☐ = 8   then ☐ = __4__
5. 2 × ☐ = 10 then ☐ = __5__
6. 2 × ☐ = 12 then ☐ = __6__
7. 2 × ☐ = 14 then ☐ = __7__
8. 2 × ☐ = 16 then ☐ = __8__
9. 2 × ☐ = 18 then ☐ = __9__
10. 2 × ☐ = 20 then ☐ = __10__
11. 2 × ☐ = 22 then ☐ = __11__
12. 2 × ☐ = 24 then ☐ = __12__

Hey you are an expert of table 2!!!

MULTIPLICATION FACTS

Table # 3

Exercise - 1

(A) 3 × 0 = 0

(B) 3 × 1 = 3

(C) 3 × 2 = 6

(D) 3 × 3 = 9

(E) 3 × 4 = 12

(F) 3 × 5 = 15

(G) 3 × 6 = 18

(H) 3 × 7 = 21

(I) 3 × 8 = 24

(J) 3 × 9 = 27

(K) 3 × 10 = 30

(L) 3 × 11 = 33

(M) 3 × 12 = 36

MULTIPLICATION FACTS

Table # 3

Exercise - 2

Match the below multiplication facts

					Answer
a	3 × 3	n	33		a - r
b	3 × 9	o	36		b - z
c	3 × 4	p	12		c - p
d	3 × 0	q	6		d - t
e	3 × 11	r	9		e - n
f	3 × 5	s	3		f - v
g	3 × 2	t	0		g - q
h	3 × 7	u	21		h - u
i	3 × 10	v	15		i - w
j	3 × 12	w	30		j - o
k	3 × 8	x	18		k - y
l	3 × 1	y	24		l - s
m	3 × 6	z	27		m - x

©All rights reserved-Math-Knots LLC., VA-USA   274   www.math-knots.com

MULTIPLICATION FACTS

Exercise - 3

1. D
2. A
3. C
4. D
5. A
6. D
7. B
8. A
9. C
10. C
11. A

Exercise - 4

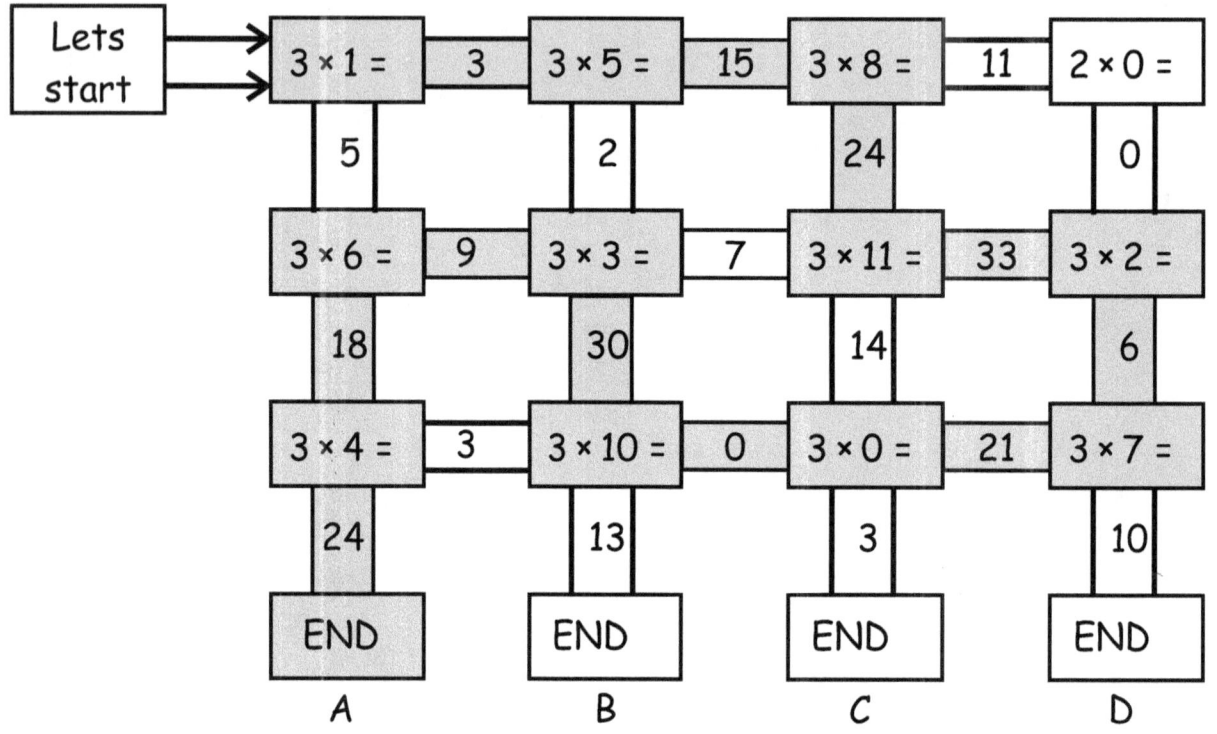

Who won the race? _____A_____

MULTIPLICATION FACTS

Table # 3

Exercise - 5

1. 3 × ☐ = 3   then ☐ = __1__
2. 3 × ☐ = 6   then ☐ = __2__
3. 3 × ☐ = 9   then ☐ = __3__
4. 3 × ☐ = 12 then ☐ = __4__
5. 3 × ☐ = 15 then ☐ = __5__
6. 3 × ☐ = 18 then ☐ = __6__
7. 3 × ☐ = 21 then ☐ = __7__
8. 3 × ☐ = 24 then ☐ = __8__
9. 3 × ☐ = 27 then ☐ = __9__
10. 3 × ☐ = 30 then ☐ = __10__
11. 3 × ☐ = 33 then ☐ = __11__
12. 3 × ☐ = 36 then ☐ = __12__

Hey you are an expert of table 3!!!

MULTIPLICATION FACTS

Table # 4

Exercise - 1

(A) 4 × 0 = 0

(B) 4 × 1 = 4

(C) 4 × 2 = 8

(D) 4 × 3 = 12

(E) 4 × 4 = 16

(F) 4 × 5 = 20

(G) 4 × 6 = 24

(H) 4 × 7 = 28

(I) 4 × 8 = 32

(J) 4 × 9 = 36

(K) 4 × 10 = 40

(L) 4 × 11 = 44

(M) 4 × 12 = 48

Exercise - 2

Match the below multiplication facts

					Answer
a	4 × 3	n	0		a - q
b	4 × 9	o	16		b - s
c	4 × 4	p	28		c - o
d	4 × 0	q	12		d - n
e	4 × 11	r	4		e - v
f	4 × 5	s	36		f - t
g	4 × 2	t	20		g - w
h	4 × 7	u	32		h - p
i	4 × 10	v	44		i - z
j	4 × 12	w	8		j - x
k	4 × 8	x	48		k - u
l	4 × 1	y	24		l - r
m	4 × 6	z	40		m - y

MULTIPLICATION FACTS

Table # 4

 **Exercise - 3**

1. A
2. A
3. C
4. D
5. B
6. C
7. B
8. D
9. D
10. A
11. C

Exercise - 4

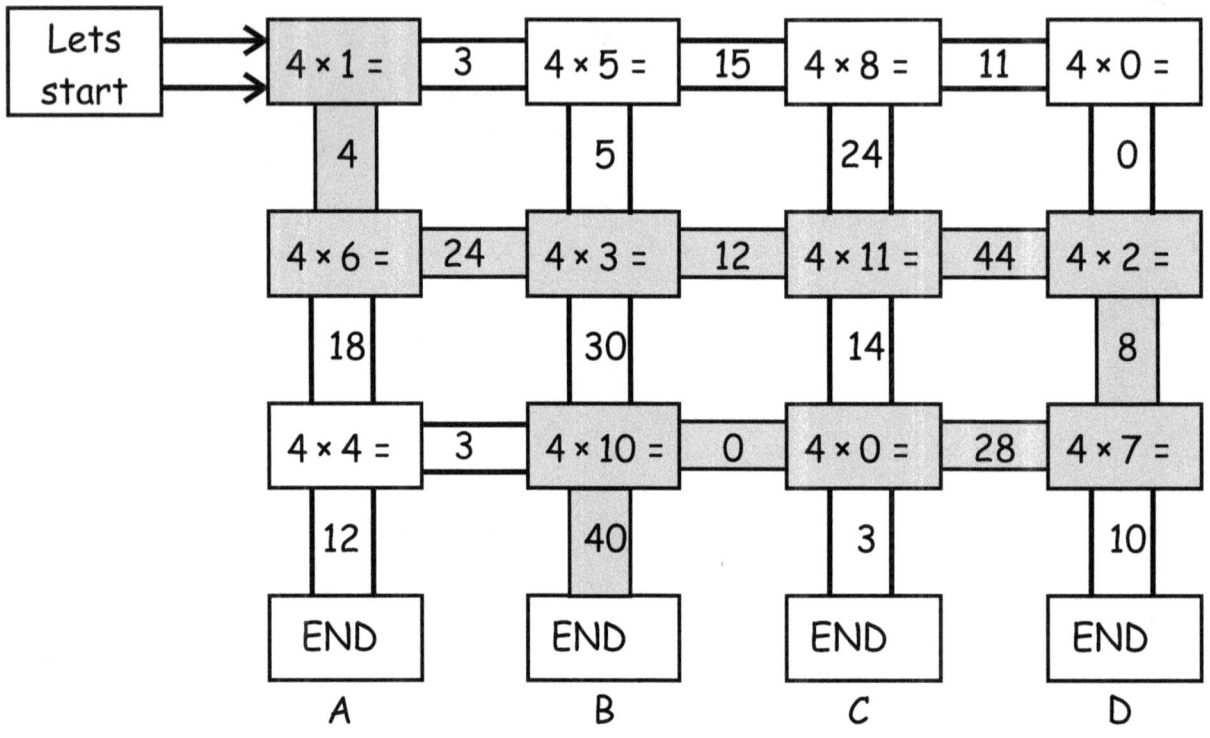

Who won the race ? _____B_____

MULTIPLICATION FACTS

Table # 4

Exercise - 5

1. 4 × ☐ = 4   then ☐ = __1__
2. 4 × ☐ = 8   then ☐ = __2__
3. 4 × ☐ = 12 then ☐ = __3__
4. 4 × ☐ = 16 then ☐ = __4__
5. 4 × ☐ = 20 then ☐ = __5__
6. 4 × ☐ = 24 then ☐ = __6__
7. 4 × ☐ = 28 then ☐ = __7__
8. 4 × ☐ = 32 then ☐ = __8__
9. 4 × ☐ = 36 then ☐ = __9__
10. 4 × ☐ = 40 then ☐ = __10__
11. 4 × ☐ = 44 then ☐ = __11__
12. 4 × ☐ = 48 then ☐ = __12__

Hey you are an expert of table 4!!!

MULTIPLICATION FACTS

Table # 5

Exercise - 1

(A) 5 × 0 = 0

(B) 5 × 1 = 5

(C) 5 × 2 = 10

(D) 5 × 3 = 15

(E) 5 × 4 = 20

(F) 5 × 5 = 25

(G) 5 × 6 = 30

(H) 5 × 7 = 35

(I) 5 × 8 = 40

(J) 5 × 9 = 45

(K) 5 × 10 = 50

(L) 5 × 11 = 55

(M) 5 × 12 = 60

MULTIPLICATION FACTS

Table # 5

Exercise - 2

Match the below multiplication facts

					Answer
a	5 × 3	n	55		a - r
b	5 × 9	o	60		b - z
c	5 × 4	p	20		c - p
d	5 × 0	q	10		d - t
e	5 × 11	r	15		e - n
f	5 × 5	s	5		f - v
g	5 × 2	t	0		g - q
h	5 × 7	u	35		h - u
i	5 × 10	v	25		i - w
j	5 × 12	w	50		j - o
k	5 × 8	x	30		k - y
l	5 × 1	y	40		l - s
m	5 × 6	z	45		m - x

 **MULTIPLICATION FACTS**

Table # 5

 **Exercise - 3**

1. C

2. A

3. D

4. B

5. B

6. A

7. D

8. D

9. C

10. B

11. D

Exercise - 4

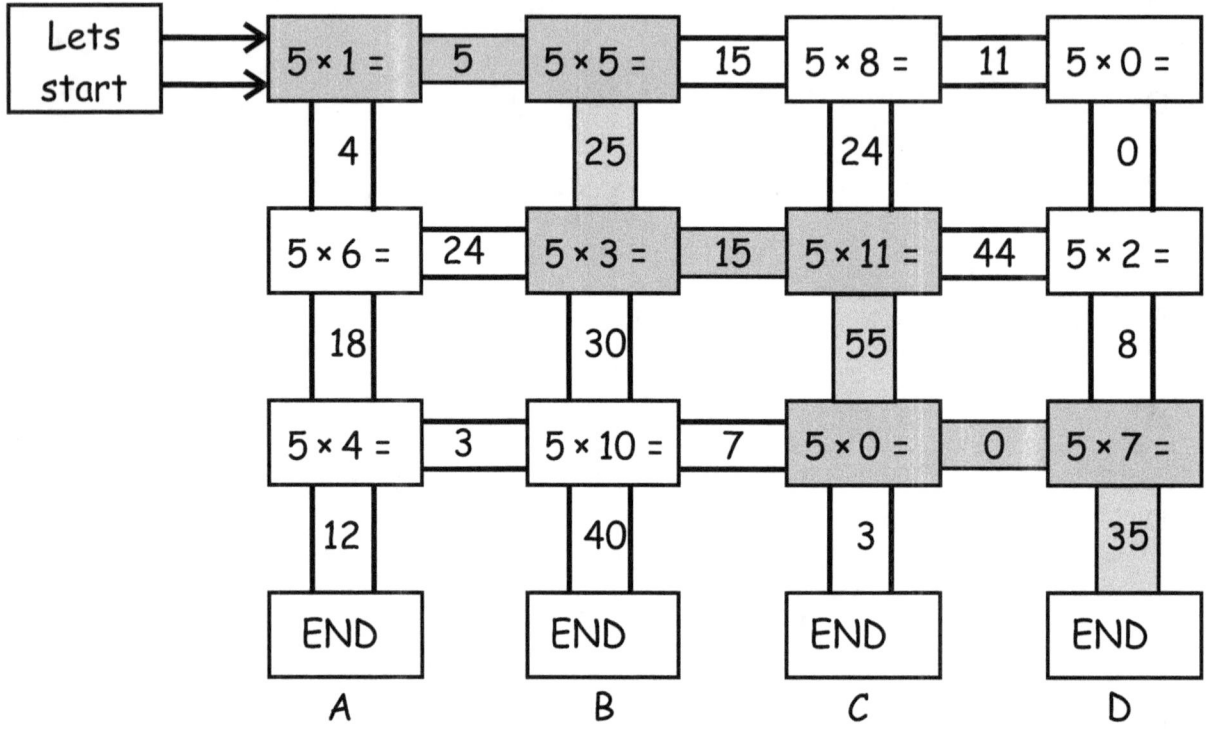

Who won the race? ____D____

 **MULTIPLICATION FACTS**

Table # 5

Exercise - 5

1. 5 × ☐ = 5   then ☐ = __1__
2. 5 × ☐ = 10 then ☐ = __2__
3. 5 × ☐ = 15 then ☐ = __3__
4. 5 × ☐ = 20 then ☐ = __4__
5. 5 × ☐ = 25 then ☐ = __5__
6. 5 × ☐ = 30 then ☐ = __6__
7. 5 × ☐ = 35 then ☐ = __7__
8. 5 × ☐ = 40 then ☐ = __8__
9. 5 × ☐ = 45 then ☐ = __9__
10. 5 × ☐ = 50 then ☐ = __10__
11. 5 × ☐ = 55 then ☐ = __11__
12. 5 × ☐ = 60 then ☐ = __12__

Hey you are an expert of table 5!!!

MULTIPLICATION FACTS

Table # 6

MULTIPLICATION FACTS

Table # 6

Exercise - 1

(A) 6 × 0 = 0

(B) 6 × 1 = 6

(C) 6 × 2 = 12

(D) 6 × 3 = 18

(E) 6 × 4 = 24

(F) 6 × 5 = 30

(G) 6 × 6 = 36

(H) 6 × 7 = 42

(I) 6 × 8 = 48

(J) 6 × 9 = 54

(K) 6 × 10 = 60

(L) 6 × 11 = 66

(M) 6 × 12 = 72

Exercise - 2

Match the below multiplication facts

						Answer
a	6 × 3		n	0		a - u
b	6 × 9		o	24		b - q
c	6 × 4		p	12		c - o
d	6 × 0		q	54		d - n
e	6 × 11		r	42		e - x
f	6 × 5		s	72		f - t
g	6 × 2		t	30		g - p
h	6 × 7		u	18		h - r
i	6 × 10		v	36		i - y
j	6 × 12		w	6		j - s
k	6 × 8		x	66		k - z
l	6 × 1		y	60		l - w
m	6 × 6		z	48		m - v

MULTIPLICATION FACTS

Table # 6

 **Exercise - 3**

1. A
2. D
3. C
4. A
5. B
6. C
7. A
8. D
9. B
10. A
11. D

MULTIPLICATION FACTS

Table # 6

Exercise - 4

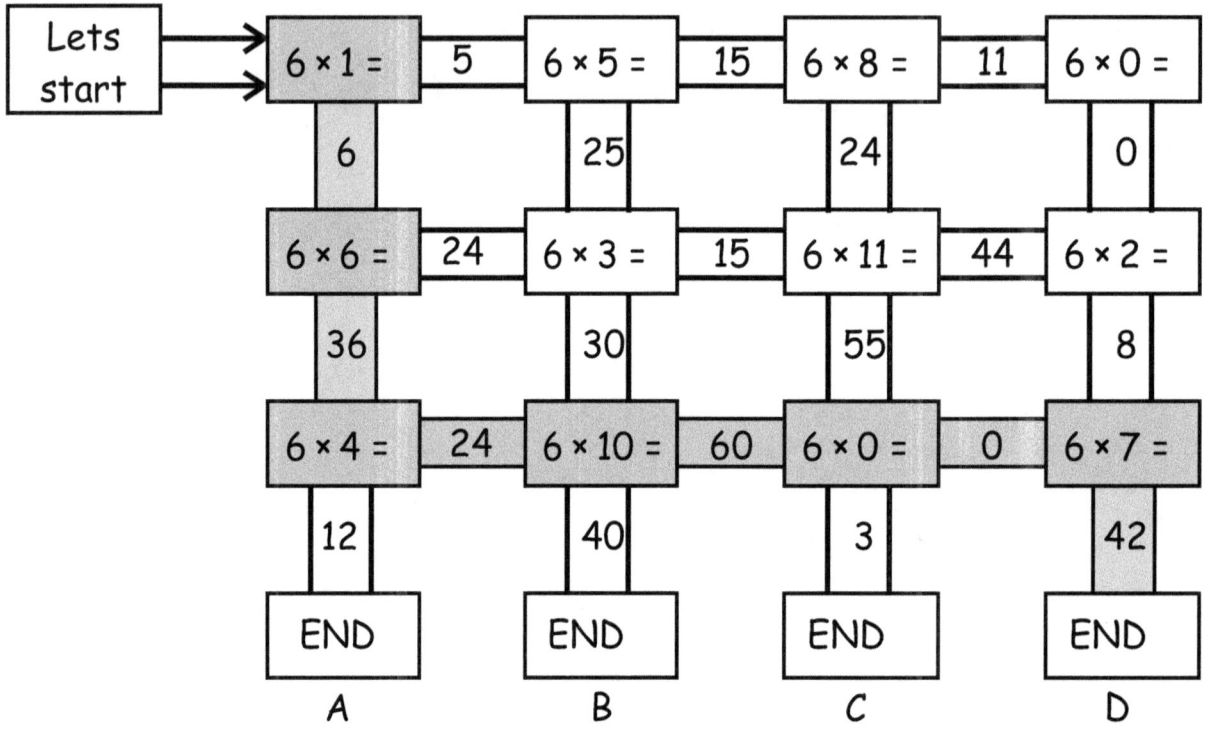

Who won the race? ____D____

MULTIPLICATION FACTS

Table # 6

Exercise - 5

1. 6 × ☐ = 6   then ☐ = ___1___
2. 6 × ☐ = 12   then ☐ = ___2___
3. 6 × ☐ = 18   then ☐ = ___3___
4. 6 × ☐ = 24   then ☐ = ___4___
5. 6 × ☐ = 30   then ☐ = ___5___
6. 6 × ☐ = 36   then ☐ = ___6___
7. 6 × ☐ = 42   then ☐ = ___7___
8. 6 × ☐ = 48   then ☐ = ___8___
9. 6 × ☐ = 54   then ☐ = ___9___
10. 6 × ☐ = 60 then ☐ = ___10___
11. 6 × ☐ = 66 then ☐ = ___11___
12. 6 × ☐ = 72 then ☐ = ___12___

Hey you are an expert of table 6!!!

MULTIPLICATION FACTS

Table # 7

**MULTIPLICATION TABLE
Table - 7
Answer Keys**

MULTIPLICATION FACTS

Table # 7

Exercise - 1

(A) $\begin{array}{r} 7 \\ \times\ 0 \\ \hline 0 \end{array}$

(B) $\begin{array}{r} 7 \\ \times\ 1 \\ \hline 7 \end{array}$

(C) $\begin{array}{r} 7 \\ \times\ 2 \\ \hline 14 \end{array}$

(D) $\begin{array}{r} 7 \\ \times\ 3 \\ \hline 21 \end{array}$

(E) $\begin{array}{r} 7 \\ \times\ 4 \\ \hline 28 \end{array}$

(F) $\begin{array}{r} 7 \\ \times\ 5 \\ \hline 35 \end{array}$

(G) $\begin{array}{r} 7 \\ \times\ 6 \\ \hline 42 \end{array}$

(H) $\begin{array}{r} 7 \\ \times\ 7 \\ \hline 49 \end{array}$

(I) $\begin{array}{r} 7 \\ \times\ 8 \\ \hline 56 \end{array}$

(J) $\begin{array}{r} 7 \\ \times\ 9 \\ \hline 63 \end{array}$

(K) $\begin{array}{r} 7 \\ \times\ 10 \\ \hline 70 \end{array}$

(L) $\begin{array}{r} 7 \\ \times\ 11 \\ \hline 77 \end{array}$

(M) $\begin{array}{r} 7 \\ \times\ 12 \\ \hline 84 \end{array}$

MULTIPLICATION FACTS

Table # 7

Exercise - 2

Match the below multiplication facts

						Answer
a	7 × 3	n	28			a - s
b	7 × 9	o	0			b - q
c	7 × 4	p	49			c - n
d	7 × 0	q	63			d - o
e	7 × 11	r	70			e - u
f	7 × 5	s	21			f - w
g	7 × 2	t	84			g - x
h	7 × 7	u	77			h - p
i	7 × 10	v	42			i - r
j	7 × 12	w	35			j - t
k	7 × 8	x	14			k - z
l	7 × 1	y	7			l - y
m	7 × 6	z	56			m - v

 **MULTIPLICATION FACTS**

Table # 7

 <u>**Exercise - 3**</u>

1. A

2. D

3. B

4. C

5. C

6. A

7. A

8. D

9. B

10. D

11. C

Exercise - 4

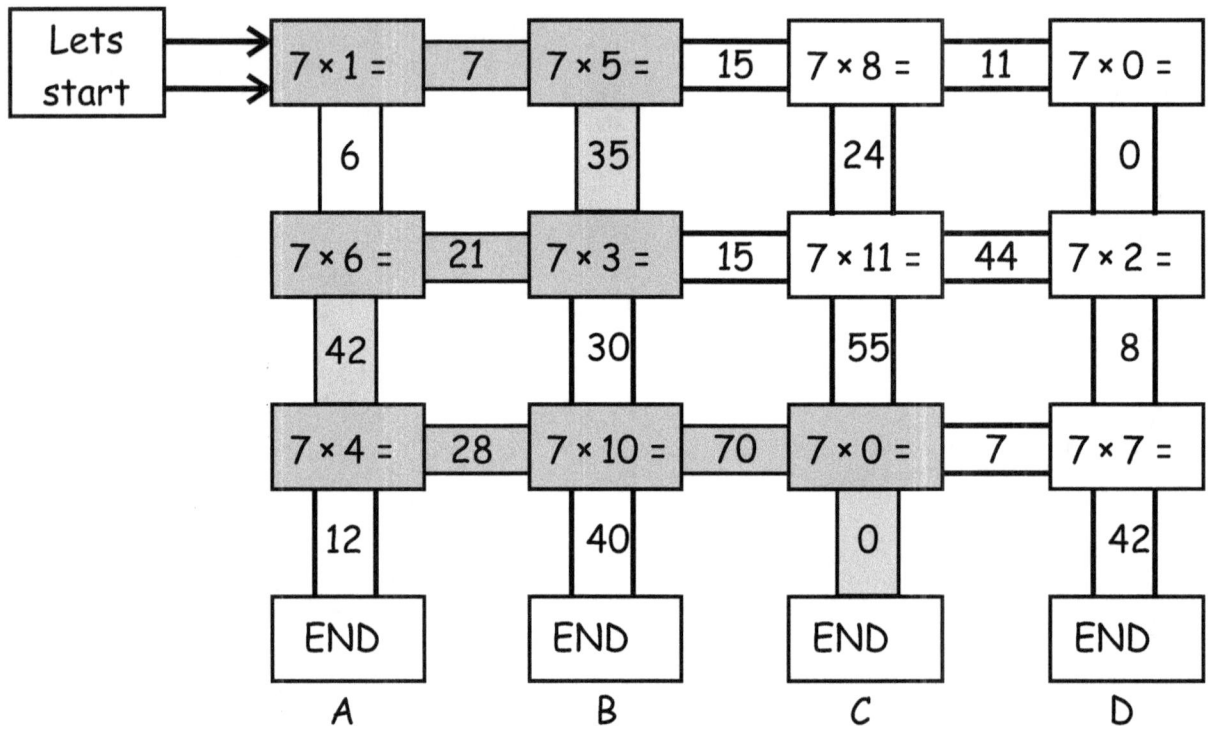

Who won the race? _____C_____

MULTIPLICATION FACTS

Table # 7

Exercise - 5

1. 7 × ☐ = 7   then ☐ = ___1___
2. 7 × ☐ = 14   then ☐ = ___2___
3. 7 × ☐ = 21   then ☐ = ___3___
4. 7 × ☐ = 28   then ☐ = ___4___
5. 7 × ☐ = 35   then ☐ = ___5___
6. 7 × ☐ = 42   then ☐ = ___6___
7. 7 × ☐ = 49   then ☐ = ___7___
8. 7 × ☐ = 56   then ☐ = ___8___
9. 7 × ☐ = 63   then ☐ = ___9___
10. 7 × ☐ = 70 then ☐ = ___10___
11. 7 × ☐ = 77 then ☐ = ___11___
12. 7 × ☐ = 84 then ☐ = ___12___

Hey you are an expert of table 7!!!

MULTIPLICATION FACTS

Table #8

Exercise - 1

(A) 8 × 0 = 0

(B) 8 × 1 = 8

(C) 8 × 2 = 16

(D) 6 × 3 = 24

(E) 8 × 4 = 32

(F) 8 × 5 = 40

(G) 8 × 6 = 48

(H) 8 × 7 = 56

(I) 8 × 8 = 64

(J) 8 × 9 = 72

(K) 8 × 10 = 80

(L) 8 × 11 = 88

(M) 8 × 12 = 96

MULTIPLICATION FACTS

Table # 8

Exercise - 2

Match the below multiplication facts

					Answer
a	8 × 3	n	88		a - r
b	8 × 9	o	96		b - z
c	8 × 4	p	32		c - p
d	8 × 0	q	16		d - t
e	8 × 11	r	24		e - n
f	8 × 5	s	8		f - v
g	8 × 2	t	0		g - q
h	8 × 7	u	56		h - u
i	8 × 10	v	40		i - w
j	8 × 12	w	80		j - o
k	8 × 8	x	48		k - y
l	8 × 1	y	64		l - s
m	8 × 6	z	72		m - x

Table # 8

 **Exercise - 3**

1. D
2. A
3. C
4. D
5. A
6. D
7. B
8. A
9. C
10. C
11. A

Exercise - 4

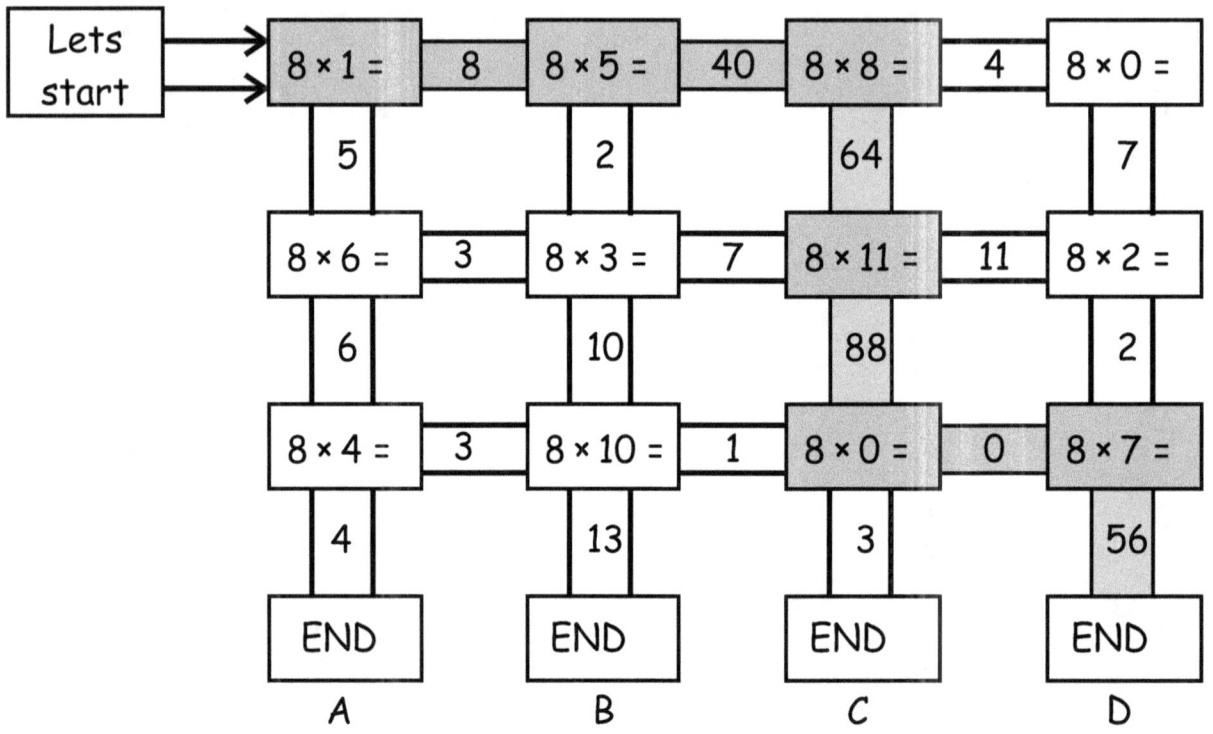

Who won the race? ____D____

MULTIPLICATION FACTS

Table # 8

Exercise - 5

1. 8 × ☐ = 8   then ☐ = __1__
2. 8 × ☐ = 16 then ☐ = __2__
3. 8 × ☐ = 24 then ☐ = __3__
4. 8 × ☐ = 32 then ☐ = __4__
5. 8 × ☐ = 40 then ☐ = __5__
6. 8 × ☐ = 48 then ☐ = __6__
7. 8 × ☐ = 56 then ☐ = __7__
8. 8 × ☐ = 64 then ☐ = __8__
9. 8 × ☐ = 72 then ☐ = __9__
10. 8 × ☐ = 80 then ☐ = __10__
11. 8 × ☐ = 88 then ☐ = __11__
12. 8 × ☐ = 94 then ☐ = __12__

Hey you are an expert of table 8!!!

MULTIPLICATION FACTS

Table # 9

Exercise - 1

(A) 9 × 0 = 0

(B) 9 × 1 = 9

(C) 9 × 2 = 18

(D) 9 × 3 = 27

(E) 9 × 4 = 36

(F) 9 × 5 = 45

(G) 9 × 6 = 54

(H) 9 × 7 = 63

(I) 9 × 8 = 72

(J) 9 × 9 = 81

(K) 9 × 10 = 90

(L) 9 × 11 = 99

(M) 9 × 12 = 108

MULTIPLICATION FACTS

Table # 9

Exercise - 2

Match the below multiplication facts

					Answer
a	9 × 3	n	99		a - r
b	9 × 9	o	108		b - z
c	9 × 4	p	36		c - p
d	9 × 0	q	18		d - t
e	9 × 11	r	27		e - n
f	9 × 5	s	9		f - v
g	9 × 2	t	0		g - q
h	9 × 7	u	63		h - u
i	9 × 10	v	45		i - w
j	9 × 12	w	90		j - o
k	9 × 8	x	54		k - y
l	9 × 1	y	72		l - s
m	9 × 6	z	81		m - x

MULTIPLICATION FACTS

Table # 9

Exercise - 3

1. D
2. A
3. C
4. D
5. A
6. D
7. B
8. A
9. C
10. C
11. A

Exercise - 4

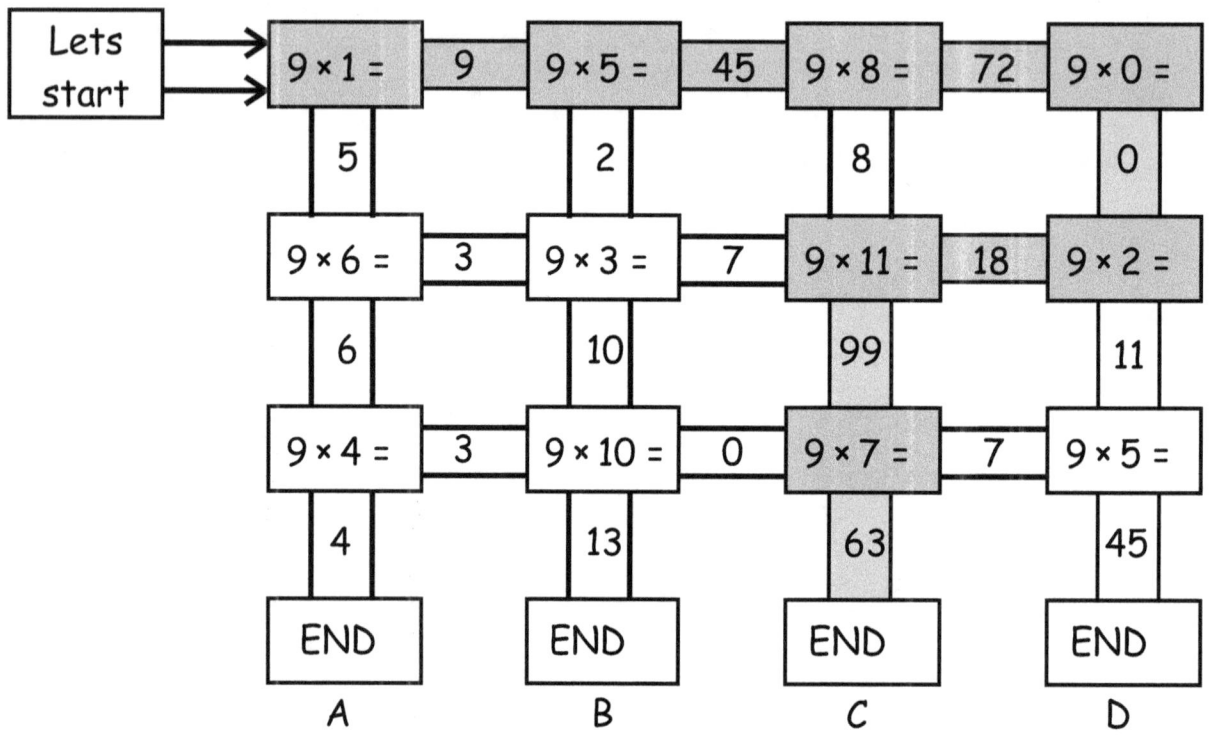

Who won the race? _____C_____

MULTIPLICATION FACTS

Table # 9

Exercise - 5

1. 9 × ☐ = 9   then ☐ = __1__
2. 9 × ☐ = 18   then ☐ = __2__
3. 9 × ☐ = 27   then ☐ = __3__
4. 9 × ☐ = 36   then ☐ = __4__
5. 9 × ☐ = 45   then ☐ = __5__
6. 9 × ☐ = 54   then ☐ = __6__
7. 9 × ☐ = 63   then ☐ = __7__
8. 9 × ☐ = 72   then ☐ = __8__
9. 9 × ☐ = 81   then ☐ = __9__
10. 9 × ☐ = 90 then ☐ = __10__
11. 9 × ☐ = 99 then ☐ = __11__
12. 9 × ☐ = 108 then ☐ = __12__

Hey you are an expert of table 9!!!

MULTIPLICATION FACTS

Table # 10

Exercise - 1

(A)   10
    × 0
    ———
      0

(B)   10
    × 1
    ———
    10

(C)   10
    × 2
    ———
    20

(D)   10
    × 3
    ———
    30

(E)   10
    × 4
    ———
    40

(F)   10
    × 5
    ———
    50

(G)   10
    × 6
    ———
    60

(H)   10
    × 7
    ———
    70

(I)   10
    × 8
    ———
    80

(J)   10
    × 9
    ———
    90

(K)   10
    × 10
    ———
    100

(L)   10
    × 11
    ———
    110

(M)   10
    × 12
    ———
    120

MULTIPLICATION FACTS

Table # 10

Exercise - 2

Match the below multiplication facts

					Answer
a	10 × 3	n	110		a - r
b	10 × 9	o	120		b - z
c	10 × 4	p	40		c - p
d	10 × 0	q	20		d - t
e	10 × 11	r	30		e - n
f	10 × 5	s	10		f - v
g	10 × 2	t	0		g - q
h	10 × 7	u	70		h - u
i	10 × 10	v	50		i - w
j	10 × 12	w	100		j - o
k	10 × 8	x	60		k - y
l	10 × 1	y	80		l - s
m	10 × 6	z	90		m - x

MULTIPLICATION FACTS

Table # 10

 **Exercise - 3**

1. D
2. A
3. C
4. D
5. A
6. D
7. B
8. A
9. C
10. C
11. A

MULTIPLICATION FACTS

Table # 10

Exercise - 4

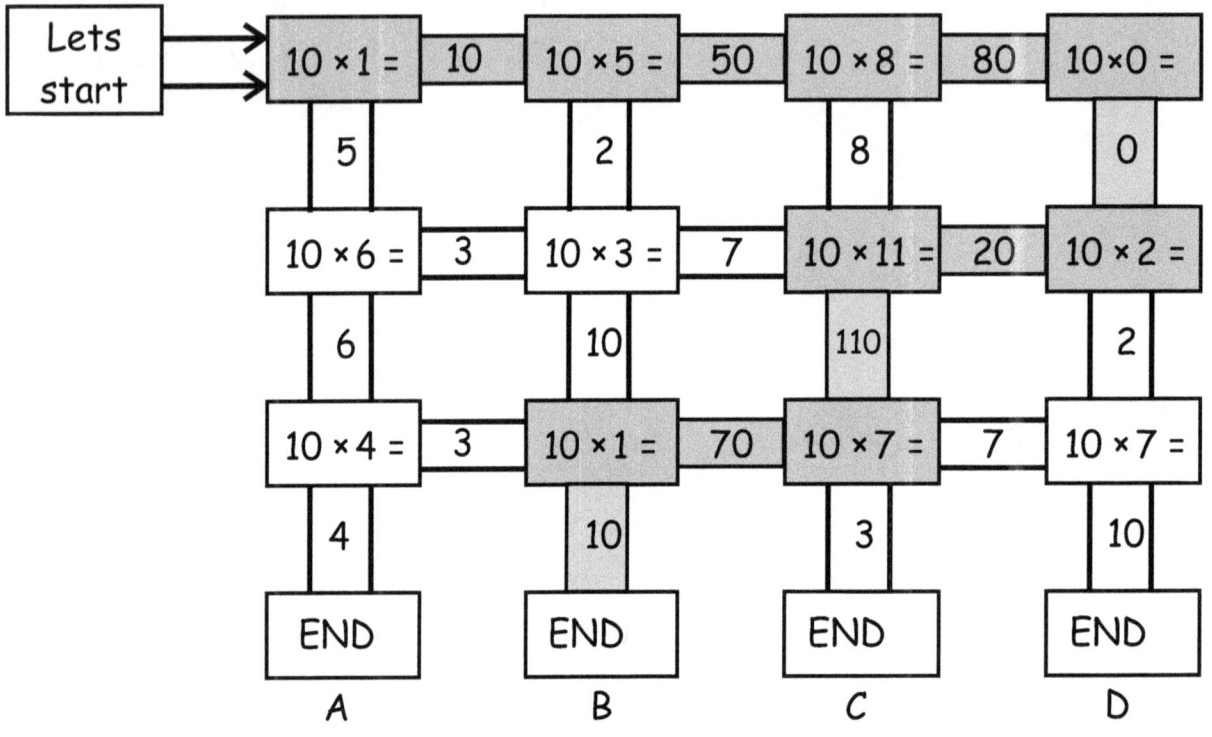

Who won the race? ____B____

MULTIPLICATION FACTS

Table # 10

Exercise - 5

1. 10 × ☐ = 10   then ☐ = __1__
2. 10 × ☐ = 20   then ☐ = __2__
3. 10 × ☐ = 30   then ☐ = __3__
4. 10 × ☐ = 40   then ☐ = __4__
5. 10 × ☐ = 50   then ☐ = __5__
6. 10 × ☐ = 60   then ☐ = __6__
7. 10 × ☐ = 70   then ☐ = __7__
8. 10 × ☐ = 80   then ☐ = __8__
9. 10 × ☐ = 90   then ☐ = __9__
10. 10 × ☐ = 100 then ☐ = __10__
11. 10 × ☐ = 110 then ☐ = __11__
12. 10 × ☐ = 120 then ☐ = __12__

Hey you are an expert of table 10!!!

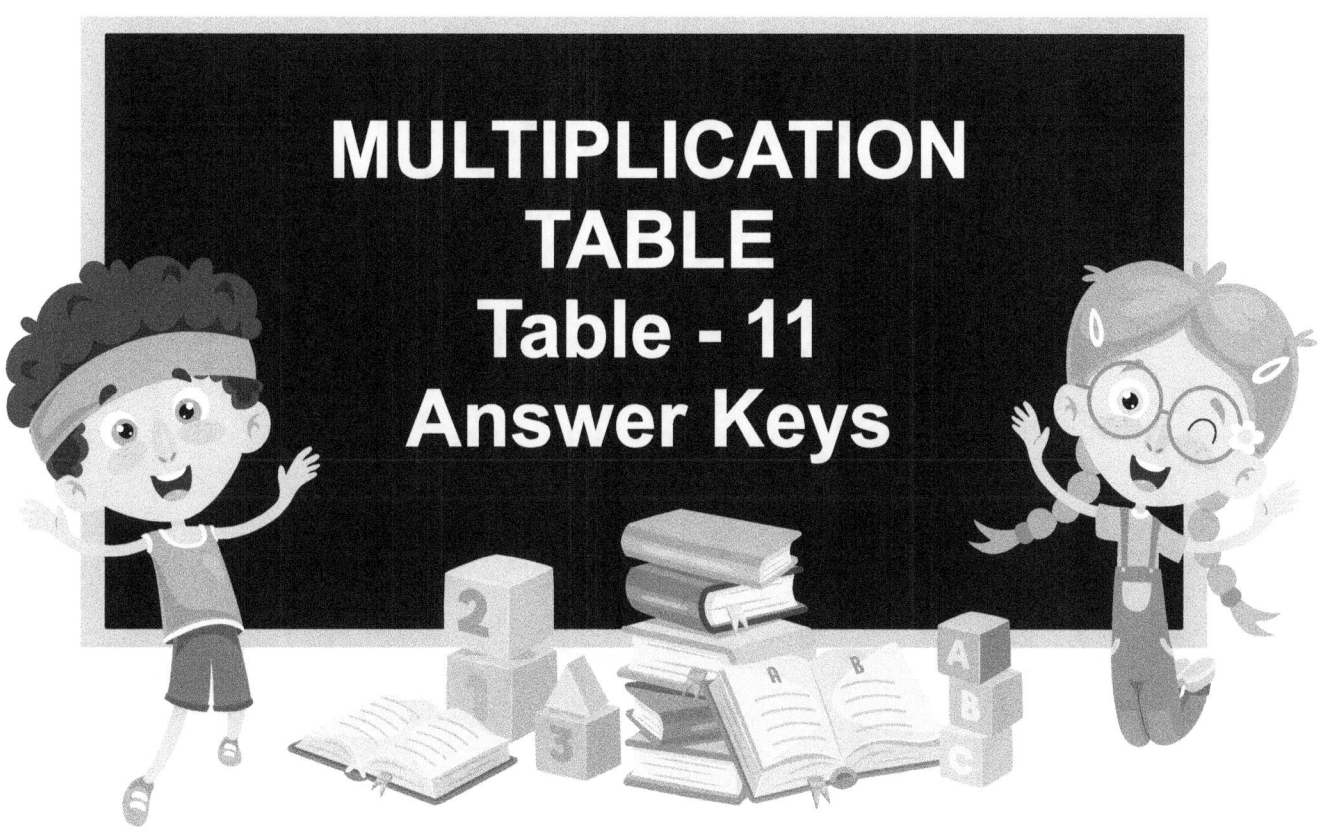

Exercise - 1

(A) 11 × 0 = 0

(B) 11 × 1 = 11

(C) 11 × 2 = 22

(D) 11 × 3 = 33

(E) 11 × 4 = 44

(F) 11 × 5 = 55

(G) 11 × 6 = 66

(H) 11 × 7 = 77

(I) 11 × 8 = 88

(J) 11 × 9 = 99

(K) 11 × 10 = 110

(L) 11 × 11 = 121

(M) 11 × 12 = 132

Exercise - 2

Match the below multiplication facts

					Answer
a	11 × 3	n	121		a - r
b	11 × 9	o	132		b - z
c	11 × 4	p	44		c - p
d	11 × 0	q	22		d - t
e	11 × 11	r	33		e - n
f	11 × 5	s	11		f - v
g	11 × 2	t	0		g - q
h	11 × 7	u	77		h - u
i	11 × 10	v	55		i - w
j	11 × 12	w	110		j - o
k	11 × 8	x	66		k - y
l	11 × 1	y	88		l - s
m	11 × 6	z	99		m - x

MULTIPLICATION FACTS

Table # 11

 **Exercise - 3**

1. D

2. A

3. C

4. D

5. A

6. D

7. B

8. A

9. C

10. C

11. A

Exercise - 4

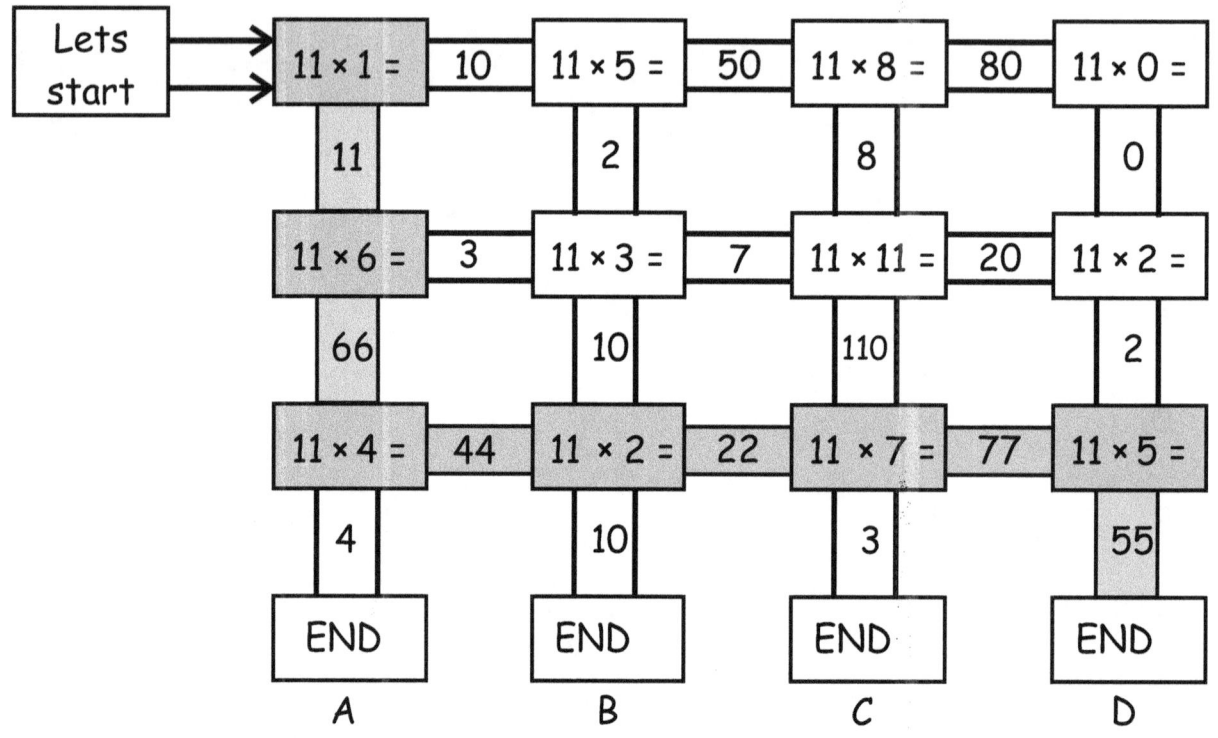

Who won the race? ____D____

Exercise - 5

1. 11 × ☐ = 11   then ☐ = __1__
2. 11 × ☐ = 22   then ☐ = __2__
3. 11 × ☐ = 33   then ☐ = __3__
4. 11 × ☐ = 44   then ☐ = __4__
5. 11 × ☐ = 55   then ☐ = __5__
6. 11 × ☐ = 66   then ☐ = __6__
7. 11 × ☐ = 77   then ☐ = __7__
8. 11 × ☐ = 88   then ☐ = __8__
9. 11 × ☐ = 99   then ☐ = __9__
10. 11 × ☐ = 110 then ☐ = __10__
11. 11 × ☐ = 121 then ☐ = __11__
12. 11 × ☐ = 132 then ☐ = __12__

Hey you are an expert of table 11!!!

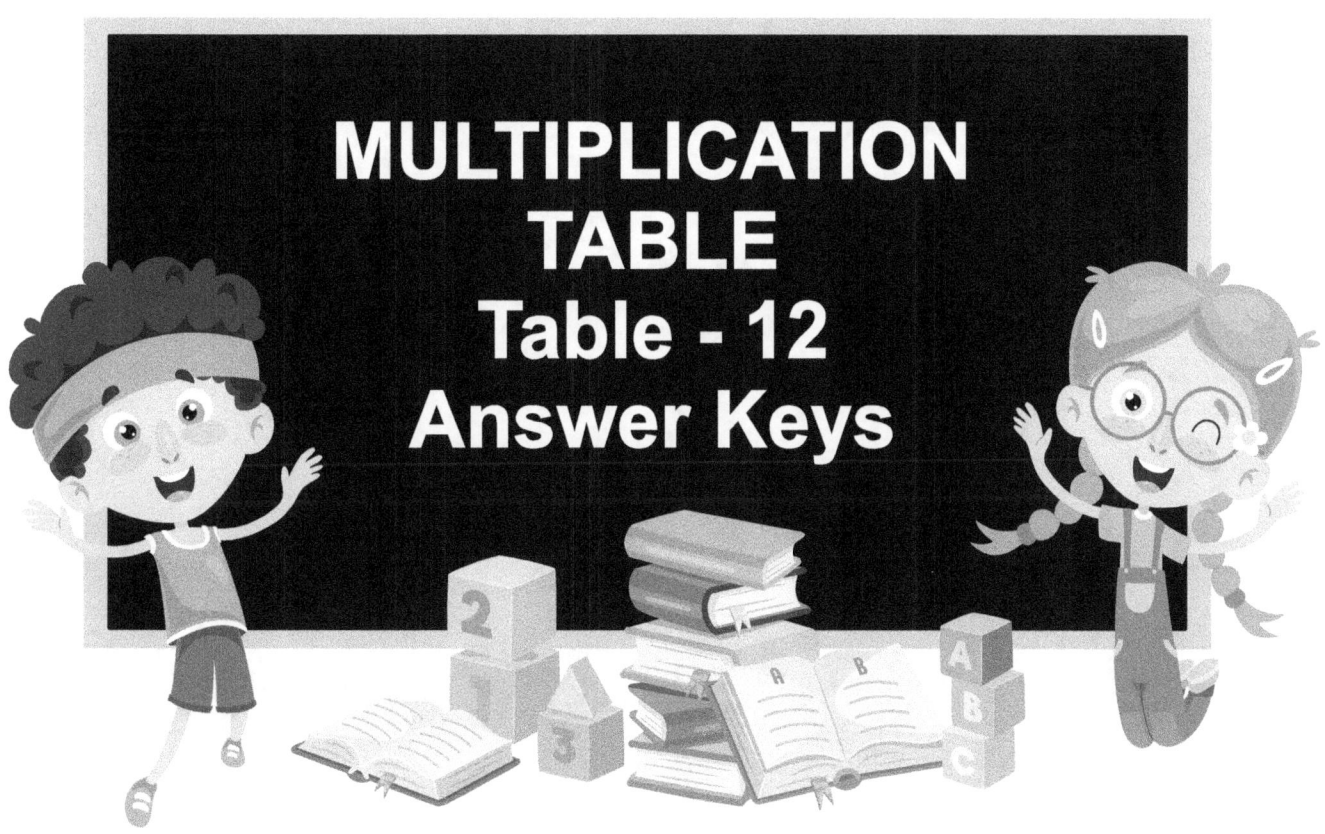

MULTIPLICATION FACTS

Table # 12

Exercise - 1

(A) 12 × 0 = 0

(B) 12 × 1 = 12

(C) 12 × 2 = 24

(D) 12 × 3 = 36

(E) 12 × 4 = 48

(F) 12 × 5 = 60

(G) 12 × 6 = 72

(H) 12 × 7 = 84

(I) 12 × 8 = 96

(J) 12 × 9 = 108

(K) 12 × 10 = 120

(L) 12 × 11 = 132

(M) 12 × 12 = 144

MULTIPLICATION FACTS

Table # 12

Exercise - 2

Match the below multiplication facts

					Answer
a	12 × 3	n	132		a - r
b	12 × 9	o	144		b - z
c	12 × 4	p	48		c - p
d	12 × 0	q	24		d - t
e	12 × 11	r	36		e - n
f	12 × 5	s	12		f - v
g	12 × 2	t	0		g - q
h	12 × 7	u	84		h - u
i	12 × 10	v	60		i - w
j	12 × 12	w	120		j - o
k	12 × 8	x	72		k - y
l	12 × 1	y	96		l - s
m	12 × 6	z	108		m - x

MULTIPLICATION FACTS

Table # 12

 **Exercise - 3**

1. D
2. A
3. C
4. D
5. A
6. D
7. B
8. A
9. C
10. C
11. A

MULTIPLICATION FACTS

Table # 12

Exercise - 4

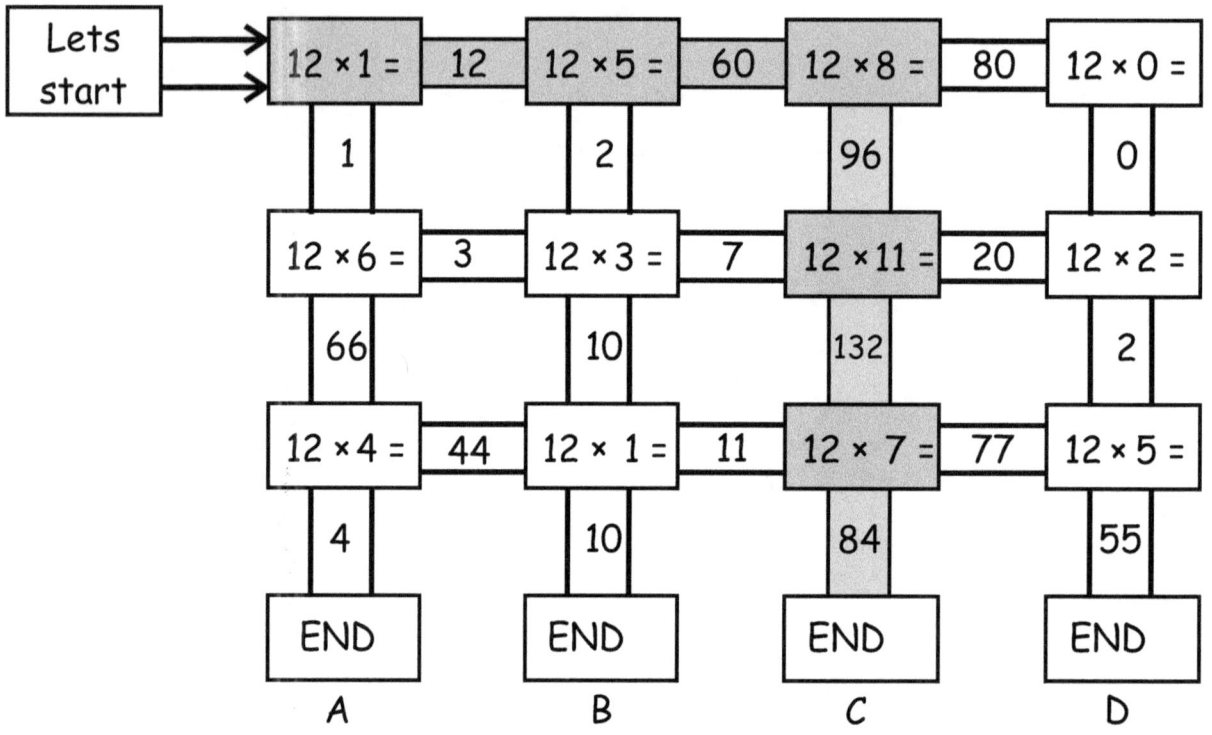

Who won the race ? _____ C _____

Exercise - 5

1. 12 × ☐ = 12   then   ☐ = __1__
2. 12 × ☐ = 24   then   ☐ = __2__
3. 12 × ☐ = 36   then   ☐ = __3__
4. 12 × ☐ = 48   then   ☐ = __4__
5. 12 × ☐ = 60   then   ☐ = __5__
6. 12 × ☐ = 72   then   ☐ = __6__
7. 12 × ☐ = 84   then   ☐ = __7__
8. 12 × ☐ = 96   then   ☐ = __8__
9. 12 × ☐ = 108 then   ☐ = __9__
10. 12 × ☐ = 120 then   ☐ = __10__
11. 12 × ☐ = 132 then   ☐ = __11__
12. 12 × ☐ = 144 then   ☐ = __12__

Hey you are an expert of table 12!!!

MP Exercise 1

1. $1 \times 1 = 1 \times \underline{} = \underline{}$
2. $1 \times 2 = 2 \times \underline{} = \underline{}$
3. $1 \times 3 = 3 \times \underline{} = \underline{}$
4. $1 \times 4 = 4 \times \underline{} = \underline{}$
5. $1 \times 5 = 5 \times \underline{} = \underline{}$
6. $1 \times 6 = 6 \times \underline{} = \underline{}$
7. $1 \times 7 = 7 \times \underline{} = \underline{}$
8. $1 \times 8 = 8 \times \underline{} = \underline{}$
9. $1 \times 9 = 9 \times \underline{} = \underline{}$
10. $1 \times 10 = 10 \times \underline{} = \underline{}$
11. $1 \times 11 = 11 \times \underline{} = \underline{}$
12. $1 \times 12 = 12 \times \underline{} = \underline{}$

Did you know this is called as commutative property for multiplication ?

MP Exercise 2

1. 2 × 1 = 1 × ____ = _____
2. 2 × 2 = 2 × ____ = _____
3. 2 × 3 = 3 × ____ = _____
4. 2 × 4 = 4 × ____ = _____
5. 2 × 5 = 5 × ____ = _____
6. 2 × 6 = 6 × ____ = _____
7. 2 × 7 = 7 × ____ = _____
8. 2 × 8 = 8 × ____ = _____
9. 2 × 9 = 9 × ____ = _____
10. 2 × 10 = 10 × ____ = _____
11. 2 × 11 = 11 × ____ = _____
12. 2 × 12 = 12 × ____ = _____

Did you know this is called as commutative property for multiplication ?

MULTIPLICATION FACTS

Practice

MP Exercise 3

1. 3 × 1 = 1 × ____ = _____
2. 3 × 2 = 2 × ____ = _____
3. 3 × 3 = 3 × ____ = _____
4. 3 × 4 = 4 × ____ = _____
5. 3 × 5 = 5 × ____ = _____
6. 3 × 6 = 6 × ____ = _____
7. 3 × 7 = 7 × ____ = _____
8. 3 × 8 = 8 × ____ = _____
9. 3 × 9 = 9 × ____ = _____
10. 3 × 10 = 10 × ____ = _____
11. 3 × 11 = 11 × ____ = _____
12. 3 × 12 = 12 × ____ = _____

Did you know this is called as commutative property for multiplication ?

MP Exercise 4

1. 4 × 1 = 1 × ___ = _____
2. 4 × 2 = 2 × ___ = _____
3. 4 × 3 = 3 × ___ = _____
4. 4 × 4 = 4 × ___ = _____
5. 4 × 5 = 5 × ___ = _____
6. 4 × 6 = 6 × ___ = _____
7. 4 × 7 = 7 × ___ = _____
8. 4 × 8 = 8 × ___ = _____
9. 4 × 9 = 9 × ___ = _____
10. 4 × 10 = 10 × ___ = _____
11. 4 × 11 = 11 × ___ = _____
12. 4 × 12 = 12 × ___ = _____

Did you know this is called as commutative property for multiplication?

MP Exercise 5

1. 5 × 1 = 1 × ____ = _____
2. 5 × 2 = 2 × ____ = _____
3. 5 × 3 = 3 × ____ = _____
4. 5 × 4 = 4 × ____ = _____
5. 5 × 5 = 5 × ____ = _____
6. 5 × 6 = 6 × ____ = _____
7. 5 × 7 = 7 × ____ = _____
8. 5 × 8 = 8 × ____ = _____
9. 5 × 9 = 9 × ____ = _____
10. 5 × 10 = 10 × ____ = _____
11. 5 × 11 = 11 × ____ = _____
12. 5 × 12 = 12 × ____ = _____

Did you know this is called as commutative property for multiplication ?

MULTIPLICATION FACTS

Practice

MP Exercise 6

1. 6 × 1 = 1 × ____ = _____
2. 6 × 2 = 2 × ____ = _____
3. 6 × 3 = 3 × ____ = _____
4. 6 × 4 = 4 × ____ = _____
5. 6 × 5 = 5 × ____ = _____
6. 6 × 6 = 6 × ____ = _____
7. 6 × 7 = 7 × ____ = _____
8. 6 × 8 = 8 × ____ = _____
9. 6 × 9 = 9 × ____ = _____
10. 6 × 10 = 10 × ____ = _____
11. 6 × 11 = 11 × ____ = _____
12. 6 × 12 = 12 × ____ = _____

Did you know this is called as commutative property for multiplication ?

MP Exercise 7

1. 7 × 1 = 1 × ____ = _____
2. 7 × 2 = 2 × ____ = _____
3. 7 × 3 = 3 × ____ = _____
4. 7 × 4 = 4 × ____ = _____
5. 7 × 5 = 5 × ____ = _____
6. 7 × 6 = 6 × ____ = _____
7. 7 × 7 = 7 × ____ = _____
8. 7 × 8 = 8 × ____ = _____
9. 7 × 9 = 9 × ____ = _____
10. 7 × 10 = 10 × ____ = _____
11. 7 × 11 = 11 × ____ = _____
12. 7 × 12 = 12 × ____ = _____

Did you know this is called as commutative property for multiplication ?

MP Exercise 8

1. 8 × 1 = 1 × ___ = _____
2. 8 × 2 = 2 × ___ = _____
3. 8 × 3 = 3 × ___ = _____
4. 8 × 4 = 4 × ___ = _____
5. 8 × 5 = 5 × ___ = _____
6. 8 × 6 = 6 × ___ = _____
7. 8 × 7 = 7 × ___ = _____
8. 8 × 8 = 8 × ___ = _____
9. 8 × 9 = 9 × ___ = _____
10. 8 × 10 = 10 × ___ = _____
11. 8 × 11 = 11 × ___ = _____
12. 8 × 12 = 12 × ___ = _____

Did you know this is called as commutative property for multiplication?

MP Exercise 9

1. 9 × 1 = 1 × ____ = _____
2. 9 × 2 = 2 × ____ = _____
3. 9 × 3 = 3 × ____ = _____
4. 9 × 4 = 4 × ____ = _____
5. 9 × 5 = 5 × ____ = _____
6. 9 × 6 = 6 × ____ = _____
7. 9 × 7 = 7 × ____ = _____
8. 9 × 8 = 8 × ____ = _____
9. 9 × 9 = 9 × ____ = _____
10. 9 × 10 = 10 × ____ = _____
11. 9 × 11 = 11 × ____ = _____
12. 9 × 12 = 12 × ____ = _____

Did you know this is called as commutative property for multiplication ?

MP Exercise 10

1. 10 × 1 = 1 × ____ = _____
2. 10 × 2 = 2 × ____ = _____
3. 10 × 3 = 3 × ____ = _____
4. 10 × 4 = 4 × ____ = _____
5. 10 × 5 = 5 × ____ = _____
6. 10 × 6 = 6 × ____ = _____
7. 10 × 7 = 7 × ____ = _____
8. 10 × 8 = 8 × ____ = _____
9. 10 × 9 = 9 × ____ = _____
10. 10 × 10 = 10 × ____ = _____
11. 10 × 11 = 11 × ____ = _____
12. 10 × 12 = 12 × ____ = _____

Did you know this is called as commutative property for multiplication ?

MP Exercise 11

1. 11 × 1 = 1 × ____ = _____
2. 11 × 2 = 2 × ____ = _____
3. 11 × 3 = 3 × ____ = _____
4. 11 × 4 = 4 × ____ = _____
5. 11 × 5 = 5 × ____ = _____
6. 11 × 6 = 6 × ____ = _____
7. 11 × 7 = 7 × ____ = _____
8. 11 × 8 = 8 × ____ = _____
9. 11 × 9 = 9 × ____ = _____
10. 11 × 10 = 10 × ____ = _____
11. 11 × 11 = 11 × ____ = _____
12. 11 × 12 = 12 × ____ = _____

Did you know this is called as commutative property for multiplication ?

MP Exercise 12

1. 12 × 1 = 1 × ____ = _____
2. 12 × 2 = 2 × ____ = _____
3. 12 × 3 = 3 × ____ = _____
4. 12 × 4 = 4 × ____ = _____
5. 12 × 5 = 5 × ____ = _____
6. 12 × 6 = 6 × ____ = _____
7. 12 × 7 = 7 × ____ = _____
8. 12 × 8 = 8 × ____ = _____
9. 12 × 9 = 9 × ____ = _____
10. 12 × 10 = 10 × ____ = _____
11. 12 × 11 = 11 × ____ = _____
12. 12 × 12 = 12 × ____ = _____

Did you know this is called as commutative property for multiplication ?

MP Exercise 13

1. 13 × 1 = 1 × ___ = _____
2. 13 × 2 = 2 × ___ = _____
3. 13 × 3 = 3 × ___ = _____
4. 13 × 4 = 4 × ___ = _____
5. 13 × 5 = 5 × ___ = _____
6. 13 × 6 = 6 × ___ = _____
7. 13 × 7 = 7 × ___ = _____
8. 13 × 8 = 8 × ___ = _____
9. 13 × 9 = 9 × ___ = _____
10. 13 × 10 = 10 × ___ = _____
11. 13 × 11 = 11 × ___ = _____
12. 13 × 12 = 12 × ___ = _____

Did you know this is called as commutative property for multiplication?

MULTIPLICATION FACTS

Practice

MP Exercise 14

1. 14 × 1 = 1 × ____ = _____
2. 14 × 2 = 2 × ____ = _____
3. 14 × 3 = 3 × ____ = _____
4. 14 × 4 = 4 × ____ = _____
5. 14 × 5 = 5 × ____ = _____
6. 14 × 6 = 6 × ____ = _____
7. 14 × 7 = 7 × ____ = _____
8. 14 × 8 = 8 × ____ = _____
9. 14 × 9 = 9 × ____ = _____
10. 14 × 10 = 10 × ____ = _____
11. 14 × 11 = 11 × ____ = _____
12. 14 × 12 = 12 × ____ = _____

Did you know this is called as commutative property for multiplication ?

MULTIPLICATION FACTS

Practice

MP Exercise 15

1. 15 × 1 = 1 × ____ = _____

2. 15 × 2 = 2 × ____ = _____

3. 15 × 3 = 3 × ____ = _____

4. 15 × 4 = 4 × ____ = _____

5. 15 × 5 = 5 × ____ = _____

6. 15 × 6 = 6 × ____ = _____

7. 15 × 7 = 7 × ____ = _____

8. 15 × 8 = 8 × ____ = _____

9. 15 × 9 = 9 × ____ = _____

10. 15 × 10 = 10 × ____ = _____

11. 15 × 11 = 11 × ____ = _____

12. 15 × 12 = 12 × ____ = _____

Did you know this is called as commutative property for multiplication ?

MP Exercise 16

1. 16 × 1 = 1 × ____ = _____
2. 16 × 2 = 2 × ____ = _____
3. 16 × 3 = 3 × ____ = _____
4. 16 × 4 = 4 × ____ = _____
5. 16 × 5 = 5 × ____ = _____
6. 16 × 6 = 6 × ____ = _____
7. 16 × 7 = 7 × ____ = _____
8. 16 × 8 = 8 × ____ = _____
9. 16 × 9 = 9 × ____ = _____
10. 16 × 10 = 10 × ____ = _____
11. 16 × 11 = 11 × ____ = _____
12. 16 × 12 = 12 × ____ = _____

Did you know this is called as commutative property for multiplication?

 **MULTIPLICATION FACTS**

Practice

MP Exercise 17

1. 17 × 1 = 1 × ___ = _____
2. 17 × 2 = 2 × ___ = _____
3. 17 × 3 = 3 × ___ = _____
4. 17 × 4 = 4 × ___ = _____
5. 17 × 5 = 5 × ___ = _____
6. 17 × 6 = 6 × ___ = _____
7. 17 × 7 = 7 × ___ = _____
8. 17 × 8 = 8 × ___ = _____
9. 17 × 9 = 9 × ___ = _____
10. 17 × 10 = 10 × ___ = _____
11. 17 × 11 = 11 × ___ = _____
12. 17 × 12 = 12 × ___ = _____

Did you know this is called as commutative property for multiplication ?

MP Exercise 18

1. 18 × 1 = 1 × ____ = _____
2. 18 × 2 = 2 × ____ = _____
3. 18 × 3 = 3 × ____ = _____
4. 18 × 4 = 4 × ____ = _____
5. 18 × 5 = 5 × ____ = _____
6. 18 × 6 = 6 × ____ = _____
7. 18 × 7 = 7 × ____ = _____
8. 18 × 8 = 8 × ____ = _____
9. 18 × 9 = 9 × ____ = _____
10. 18 × 10 = 10 × ____ = _____
11. 18 × 11 = 11 × ____ = _____
12. 18 × 12 = 12 × ____ = _____

Did you know this is called as commutative property for multiplication ?

MP Exercise 19

1. 19 × 1 = 1 × ____ = _____
2. 19 × 2 = 2 × ____ = _____
3. 19 × 3 = 3 × ____ = _____
4. 19 × 4 = 4 × ____ = _____
5. 19 × 5 = 5 × ____ = _____
6. 19 × 6 = 6 × ____ = _____
7. 19 × 7 = 7 × ____ = _____
8. 19 × 8 = 8 × ____ = _____
9. 19 × 9 = 9 × ____ = _____
10. 19 × 10 = 10 × ____ = _____
11. 19 × 11 = 11 × ____ = _____
12. 19 × 12 = 12 × ____ = _____

Did you know this is called as commutative property for multiplication ?

MULTIPLICATION FACTS

Practice

MP Exercise 20

1. 20 × 1 = 1 × ____ = _____
2. 20 × 2 = 2 × ____ = _____
3. 20 × 3 = 3 × ____ = _____
4. 20 × 4 = 4 × ____ = _____
5. 20 × 5 = 5 × ____ = _____
6. 20 × 6 = 6 × ____ = _____
7. 20 × 7 = 7 × ____ = _____
8. 20 × 8 = 8 × ____ = _____
9. 20 × 9 = 9 × ____ = _____
10. 20 × 10 = 10 × ____ = _____
11. 20 × 11 = 11 × ____ = _____
12. 20 × 12 = 12 × ____ = _____

Did you know this is called as commutative property for multiplication?

MP Exercise 21

1. 21 × 1 = 1 × ___ = _____
2. 21 × 2 = 2 × ___ = _____
3. 21 × 3 = 3 × ___ = _____
4. 21 × 4 = 4 × ___ = _____
5. 21 × 5 = 5 × ___ = _____
6. 21 × 6 = 6 × ___ = _____
7. 21 × 7 = 7 × ___ = _____
8. 21 × 8 = 8 × ___ = _____
9. 21 × 9 = 9 × ___ = _____
10. 21 × 10 = 10 × ___ = _____
11. 21 × 11 = 11 × ___ = _____
12. 21 × 12 = 12 × ___ = _____

Did you know this is called as commutative property for multiplication ?

MULTIPLICATION FACTS

Practice

MP Exercise 22

1. 22 × 1 = 1 × ____ = _____
2. 22 × 2 = 2 × ____ = _____
3. 22 × 3 = 3 × ____ = _____
4. 22 × 4 = 4 × ____ = _____
5. 22 × 5 = 5 × ____ = _____
6. 22 × 6 = 6 × ____ = _____
7. 22 × 7 = 7 × ____ = _____
8. 22 × 8 = 8 × ____ = _____
9. 22 × 9 = 9 × ____ = _____
10. 22 × 10 = 10 × ____ = _____
11. 22 × 11 = 11 × ____ = _____
12. 22 × 12 = 12 × ____ = _____

Did you know this is called as commutative property for multiplication ?

MP Exercise 23

1. 23 × 1 = 1 × ____ = _____
2. 23 × 2 = 2 × ____ = _____
3. 23 × 3 = 3 × ____ = _____
4. 23 × 4 = 4 × ____ = _____
5. 23 × 5 = 5 × ____ = _____
6. 23 × 6 = 6 × ____ = _____
7. 23 × 7 = 7 × ____ = _____
8. 23 × 8 = 8 × ____ = _____
9. 23 × 9 = 9 × ____ = _____
10. 23 × 10 = 10 × ____ = _____
11. 23 × 11 = 11 × ____ = _____
12. 23 × 12 = 12 × ____ = _____

Did you know this is called as commutative property for multiplication ?

MP Exercise 24

1. 24 × 1 = 1 × ____ = _____
2. 24 × 2 = 2 × ____ = _____
3. 24 × 3 = 3 × ____ = _____
4. 24 × 4 = 4 × ____ = _____
5. 20 × 5 = 5 × ____ = _____
6. 24 × 6 = 6 × ____ = _____
7. 24 × 7 = 7 × ____ = _____
8. 24 × 8 = 8 × ____ = _____
9. 24 × 9 = 9 × ____ = _____
10. 24 × 10 = 10 × ____ = _____
11. 24 × 11 = 11 × ____ = _____
12. 24 × 12 = 12 × ____ = _____

Did you know this is called as commutative property for multiplication ?

MULTIPLICATION FACTS

Practice

MP Exercise 25

1. 25 × 1 = 1 × ___ = _____
2. 25 × 2 = 2 × ___ = _____
3. 25 × 3 = 3 × ___ = _____
4. 25 × 4 = 4 × ___ = _____
5. 25 × 5 = 5 × ___ = _____
6. 25 × 6 = 6 × ___ = _____
7. 25 × 7 = 7 × ___ = _____
8. 25 × 8 = 8 × ___ = _____
9. 25 × 9 = 9 × ___ = _____
10. 25 × 10 = 10 × ___ = _____
11. 25 × 11 = 11 × ___ = _____
12. 25 × 12 = 12 × ___ = _____

Did you know this is called as commutative property for multiplication ?

MP Exercise 26

1. 50 × 1 = 1 × ____ = _____

2. 22 × 2 = 2 × ____ = _____

3. 67 × 3 = 3 × ____ = _____

4. 75 × 4 = 4 × ____ = _____

5. 82 × 5 = 5 × ____ = _____

6. 88 × 6 = 6 × ____ = _____

7. 90 × 7 = 7 × ____ = _____

8. 96 × 8 = 8 × ____ = _____

9. 137 × 9 = 9 × ____ = _____

10. 104 × 10 = 10 × ____ = _____

11. 2005 × 11 = 11 × ____ = _____

12. 10000 × 12 = 12 × ____ = _____

Did you know this is called as commutative property for multiplication ?

MULTIPLICATION FACTS

Practice

MP Exercise 27

1. 222 × 1 = 1 × ____ = _____
2. 401 × 2 = 2 × ____ = _____
3. 539 × 3 = 3 × ____ = _____
4. 67 × 4 = 4 × ____ = _____
5. 74 × 5 = 5 × ____ = _____
6. 99 × 6 = 6 × ____ = _____
7. 33 × 7 = 7 × ____ = _____
8. 29 × 8 = 8 × ____ = _____
9. 3000 × 9 = 9 × ____ = _____
10. 5555 × 10 = 10 × ____ = _____
11. 6001 × 11 = 11 × ____ = _____
12. 6095 × 12 = 12 × ____ = _____

Did you know this is called as commutative property for multiplication?

MP Exercise 28

(A) 15
   × 0
   ___
   ___

(B) 35
   × 1
   ___
   ___

(C) 11
   × 2
   ___
   ___

(D) 14
   × 3
   ___
   ___

(E) 5
   × 4
   ___
   ___

(F) 7
   × 5
   ___
   ___

(G) 10
   × 6
   ___
   ___

(H) 12
   × 7
   ___
   ___

(I) 6
   × 8
   ___
   ___

(J) 7
   × 9
   ___
   ___

(K) 3
   × 10
   ___
   ___

(L) 1
   × 11
   ___
   ___

(M) 0
   × 12
   ___
   ___

MP Exercise 29

(A) 5 × 5 = ___

(B) 6 × 6 = ___

(C) 7 × 7 = ___

(D) 8 × 8 = ___

(E) 9 × 9 = ___

(F) 9 × 9 = ___

(G) 10 × 10 = ___

(H) 11 × 11 = ___

(I) 12 × 12 = ___

(J) 4 × 4 = ___

(K) 3 × 3 = ___

(L) 2 × 2 = ___

(M) 0 × 0 = ___

MP Exercise 30

(A) 12 × 5 = ___

(B) 11 × 5 = ___

(C) 10 × 5 = ___

(D) 9 × 5 = ___

(E) 8 × 5 = ___

(F) 7 × 5 = ___

(G) 6 × 5 = ___

(H) 5 × 5 = ___

(I) 4 × 5 = ___

(J) 3 × 5 = ___

(K) 2 × 5 = ___

(L) 1 × 5 = ___

(M) 0 × 5 = ___

MP Exercise 31

(A) 5 × 10 ___

(B) 6 × 10 ___

(C) 7 × 10 ___

(D) 8 × 10 ___

(E) 9 × 10 ___

(F) 1 × 10 ___

(G) 10 × 10 ___

(H) 11 × 10 ___

(I) 12 × 10 ___

(J) 4 × 10 ___

(K) 3 × 10 ___

(L) 2 × 10 ___

(M) 0 × 10 ___

MP Exercise 32

(A) $5 \\ \times\ 1$

(B) $6 \\ \times\ 1$

(C) $7 \\ \times\ 1$

(D) $8 \\ \times\ 1$

(E) $9 \\ \times\ 1$

(F) $1 \\ \times\ 1$

(G) $10 \\ \times\ 1$

(H) $11 \\ \times\ 1$

(I) $12 \\ \times\ 1$

(J) $4 \\ \times\ 1$

(K) $3 \\ \times\ 1$

(L) $2 \\ \times\ 1$

(M) $0 \\ \times\ 1$

MP Exercise 33

(A) 5 × 9 = ___

(B) 6 × 9 = ___

(C) 7 × 9 = ___

(D) 8 × 9 = ___

(E) 9 × 9 = ___

(F) 1 × 9 = ___

(G) 10 × 9 = ___

(H) 11 × 9 = ___

(I) 12 × 9 = ___

(J) 4 × 9 = ___

(K) 3 × 9 = ___

(L) 2 × 9 = ___

(M) 0 × 9 = ___

MP Exercise 34

(A) 5 × 6 = ___

(B) 6 × 6 = ___

(C) 7 × 6 = ___

(D) 8 × 6 = ___

(E) 9 × 6 = ___

(F) 1 × 6 = ___

(G) 10 × 6 = ___

(H) 11 × 6 = ___

(I) 12 × 6 = ___

(J) 4 × 6 = ___

(K) 3 × 6 = ___

(L) 2 × 6 = ___

(M) 0 × 6 = ___

MP Exercise 35

(A) 5 × 2 ___

(B) 6 × 2 ___

(C) 7 × 2 ___

(D) 8 × 2 ___

(E) 9 × 2 ___

(F) 1 × 2 ___

(G) 10 × 2 ___

(H) 11 × 2 ___

(I) 12 × 2 ___

(J) 4 × 2 ___

(K) 3 × 2 ___

(L) 2 × 2 ___

(M) 0 × 2 ___

MULTIPLICATION FACTS

Practice

MULTIPLICATION FACTS Practice Answer Keys

MP Exercise 1

1. 1 × 1 = 1 × _1_ = _1_
2. 1 × 2 = 2 × _1_ = _2_
3. 1 × 3 = 3 × _1_ = _3_
4. 1 × 4 = 4 × _1_ = _4_
5. 1 × 5 = 5 × _1_ = _5_
6. 1 × 6 = 6 × _1_ = _6_
7. 1 × 7 = 7 × _1_ = _7_
8. 1 × 8 = 8 × _1_ = _8_
9. 1 × 9 = 9 × _1_ = _9_
10. 1 × 10 = 10 × _1_ = _10_
11. 1 × 11 = 11 × _1_ = _11_
12. 1 × 12 = 12 × _1_ = _12_

Did you know this is called as commutative property for multiplication?

MP Exercise 2

1. 2 × 1 = 1 × _2_ = _2_
2. 2 × 2 = 2 × _2_ = _4_
3. 2 × 3 = 3 × _2_ = _6_
4. 2 × 4 = 4 × _2_ = _8_
5. 2 × 5 = 5 × _2_ = _10_
6. 2 × 6 = 6 × _2_ = _12_
7. 2 × 7 = 7 × _2_ = _14_
8. 2 × 8 = 8 × _2_ = _16_
9. 2 × 9 = 9 × _2_ = _18_
10. 2 × 10 = 10 × _2_ = _20_
11. 2 × 11 = 11 × _2_ = _21_
12. 2 × 12 = 12 × _2_ = _22_

Did you know this is called as commutative property for multiplication ?

MP Exercise 3

1. 3 × 1 = 1 × __3__ = __3__
2. 3 × 2 = 2 × __3__ = __6__
3. 3 × 3 = 3 × __3__ = __9__
4. 3 × 4 = 4 × __3__ = __12__
5. 3 × 5 = 5 × __3__ = __15__
6. 3 × 6 = 6 × __3__ = __18__
7. 3 × 7 = 7 × __3__ = __21__
8. 3 × 8 = 8 × __3__ = __24__
9. 3 × 9 = 9 × __3__ = __27__
10. 3 × 10 = 10 × __3__ = __30__
11. 3 × 11 = 11 × __3__ = __33__
12. 3 × 12 = 12 × __3__ = __36__

Did you know this is called as commutative property for multiplication ?

MULTIPLICATION FACTS

Practice

MP Exercise 4

1. 4 × 1 = 1 × __4__ = __4__
2. 4 × 2 = 2 × __4__ = __8__
3. 4 × 3 = 3 × __4__ = __12__
4. 4 × 4 = 4 × __4__ = __16__
5. 4 × 5 = 5 × __4__ = __20__
6. 4 × 6 = 6 × __4__ = __24__
7. 4 × 7 = 7 × __4__ = __28__
8. 4 × 8 = 8 × __4__ = __32__
9. 4 × 9 = 9 × __4__ = __36__
10. 4 × 10 = 10 × __4__ = __40__
11. 4 × 11 = 11 × __4__ = __44__
12. 4 × 12 = 12 × __4__ = __48__

Did you know this is called as commutative property for multiplication ?

MULTIPLICATION FACTS

Practice

MP Exercise 5

1. 5 × 1 = 1 × __5__ = __5__
2. 5 × 2 = 2 × __5__ = __10__
3. 5 × 3 = 3 × __5__ = __15__
4. 5 × 4 = 4 × __5__ = __20__
5. 5 × 5 = 5 × __5__ = __25__
6. 5 × 6 = 6 × __5__ = __30__
7. 5 × 7 = 7 × __5__ = __35__
8. 5 × 8 = 8 × __5__ = __40__
9. 5 × 9 = 9 × __5__ = __45__
10. 5 × 10 = 10 × __5__ = __50__
11. 5 × 11 = 11 × __5__ = __55__
12. 5 × 12 = 12 × __5__ = __60__

Did you know this is called as commutative property for multiplication?

MP Exercise 6

1. 6 × 1 = 1 × __6__ = __6__
2. 6 × 2 = 2 × __6__ = __12__
3. 6 × 3 = 3 × __6__ = __18__
4. 6 × 4 = 4 × __6__ = __24__
5. 6 × 5 = 5 × __6__ = __30__
6. 6 × 6 = 6 × __6__ = __36__
7. 6 × 7 = 7 × __6__ = __42__
8. 6 × 8 = 8 × __6__ = __48__
9. 6 × 9 = 9 × __6__ = __54__
10. 6 × 10 = 10 × __6__ = __60__
11. 6 × 11 = 11 × __6__ = __66__
12. 6 × 12 = 12 × __6__ = __72__

Did you know this is called as commutative property for multiplication?

MULTIPLICATION FACTS

Practice

MP Exercise 7

1. 7 × 1 = 1 × _7_ = _7_
2. 7 × 2 = 2 × _7_ = _14_
3. 7 × 3 = 3 × _7_ = _21_
4. 7 × 4 = 4 × _7_ = _28_
5. 7 × 5 = 5 × _7_ = _35_
6. 7 × 6 = 6 × _7_ = _42_
7. 7 × 7 = 7 × _7_ = _49_
8. 7 × 8 = 8 × _7_ = _56_
9. 7 × 9 = 9 × _7_ = _63_
10. 7 × 10 = 10 × _7_ = _70_
11. 7 × 11 = 11 × _7_ = _77_
12. 7 × 12 = 12 × _7_ = _84_

Did you know this is called as commutative property for multiplication ?

MP Exercise 8

1. 8 × 1 = 1 × __8__ = __8__
2. 8 × 2 = 2 × __8__ = __16__
3. 8 × 3 = 3 × __8__ = __24__
4. 8 × 4 = 4 × __8__ = __32__
5. 8 × 5 = 5 × __8__ = __40__
6. 8 × 6 = 6 × __8__ = __48__
7. 8 × 7 = 7 × __8__ = __56__
8. 8 × 8 = 8 × __8__ = __64__
9. 8 × 9 = 9 × __8__ = __72__
10. 8 × 10 = 10 × __8__ = __80__
11. 8 × 11 = 11 × __8__ = __88__
12. 8 × 12 = 12 × __8__ = __96__

Did you know this is called as commutative property for multiplication ?

MP Exercise 9

1. 9 × 1 = 1 × __9__ = __9__
2. 9 × 2 = 2 × __9__ = __18__
3. 9 × 3 = 3 × __9__ = __27__
4. 9 × 4 = 4 × __9__ = __36__
5. 9 × 5 = 5 × __9__ = __45__
6. 9 × 6 = 6 × __9__ = __54__
7. 9 × 7 = 7 × __9__ = __63__
8. 9 × 8 = 8 × __9__ = __72__
9. 9 × 9 = 9 × __9__ = __81__
10. 9 × 10 = 10 × __9__ = __90__
11. 9 × 11 = 11 × __9__ = __99__
12. 9 × 12 = 12 × __9__ = __108__

Did you know this is called as commutative property for multiplication ?

MULTIPLICATION FACTS — Practice

MP Exercise 10

1. 10 × 1 = 1 × __10__ = __10__
2. 10 × 2 = 2 × __10__ = __20__
3. 10 × 3 = 3 × __10__ = __30__
4. 10 × 4 = 4 × __10__ = __40__
5. 10 × 5 = 5 × __10__ = __50__
6. 10 × 6 = 6 × __10__ = __60__
7. 10 × 7 = 7 × __10__ = __70__
8. 10 × 8 = 8 × __10__ = __80__
9. 10 × 9 = 9 × __10__ = __90__
10. 10 × 10 = 10 × __10__ = __100__
11. 10 × 11 = 11 × __10__ = __110__
12. 10 × 12 = 12 × __10__ = __120__

Did you know this is called as commutative property for multiplication?

MULTIPLICATION FACTS

Practice

MP Exercise 11

1. 11 × 1 = 1 × __11__ = __11__
2. 11 × 2 = 2 × __11__ = __22__
3. 11 × 3 = 3 × __11__ = __33__
4. 11 × 4 = 4 × __11__ = __44__
5. 11 × 5 = 5 × __11__ = __55__
6. 11 × 6 = 6 × __11__ = __66__
7. 11 × 7 = 7 × __11__ = __77__
8. 11 × 8 = 8 × __11__ = __88__
9. 11 × 9 = 9 × __11__ = __99__
10. 11 × 10 = 10 × __11__ = __110__
11. 11 × 11 = 11 × __11__ = __121__
12. 11 × 12 = 12 × __11__ = __132__

Did you know this is called as commutative property for multiplication ?

MULTIPLICATION FACTS

Practice

MP Exercise 12

1. 12 × 1 = 1 × __12__ = __12__
2. 12 × 2 = 2 × __12__ = __24__
3. 12 × 3 = 3 × __12__ = __36__
4. 12 × 4 = 4 × __12__ = __48__
5. 12 × 5 = 5 × __12__ = __60__
6. 12 × 6 = 6 × __12__ = __72__
7. 12 × 7 = 7 × __12__ = __84__
8. 12 × 8 = 8 × __12__ = __96__
9. 12 × 9 = 9 × __12__ = __108__
10. 12 × 10 = 10 × __12__ = __120__
11. 12 × 11 = 11 × __12__ = __132__
12. 12 × 12 = 12 × __12__ = __144__

Did you know this is called as commutative property for multiplication ?

MP Exercise 13

1. × 1 = 1 × 13 = 13
2. × 2 = 2 × 13 = 26
3. × 3 = 3 × 13 = 39
4. × 4 = 4 × 13 = 52
5. × 5 = 5 × 13 = 65
6. × 6 = 6 × 13 = 78
7. × 7 = 7 × 13 = 91
8. × 8 = 8 × 13 = 104
9. × 9 = 9 × 13 = 117
10. × 10 = 10 × 13 = 130
11. × 11 = 11 × 13 = 143
12. × 12 = 12 × 13 = 156

Did you know this is called as commutative property for multiplication ?

MP Exercise 14

1. 14 × 1 = 1 × _14_ = _14_
2. 14 × 2 = 2 × _14_ = _28_
3. 14 × 3 = 3 × _14_ = _42_
4. 14 × 4 = 4 × _14_ = _56_
5. 14 × 5 = 5 × _14_ = _70_
6. 14 × 6 = 6 × _14_ = _84_
7. 14 × 7 = 7 × _14_ = _98_
8. 14 × 8 = 8 × _14_ = _112_
9. 14 × 9 = 9 × _14_ = _126_
10. 14 × 10 = 10 × _14_ = _140_
11. 14 × 11 = 11 × _14_ = _154_
12. 14 × 12 = 12 × _14_ = _168_

Did you know this is called as commutative property for multiplication ?

MP Exercise 15

1. 15 × 1 = 1 × _15_ = _15_
2. 15 × 2 = 2 × _15_ = _30_
3. 15 × 3 = 3 × _15_ = _45_
4. 15 × 4 = 4 × _15_ = _60_
5. 15 × 5 = 5 × _15_ = _75_
6. 15 × 6 = 6 × _15_ = _90_
7. 15 × 7 = 7 × _15_ = _105_
8. 15 × 8 = 8 × _15_ = _120_
9. 15 × 9 = 9 × _15_ = _135_
10. 15 × 10 = 10 × _15_ = _150_
11. 15 × 11 = 11 × _15_ = _165_
12. 15 × 12 = 12 × _15_ = _180_

Did you know this is called as commutative property for multiplication ?

MULTIPLICATION FACTS

Practice

MP Exercise 16

1. 16 × 1 = 1 × _16_ = _____16_____
2. 16 × 2 = 2 × _16_ = _____32_____
3. 16 × 3 = 3 × _16_ = _____48_____
4. 16 × 4 = 4 × _16_ = _____64_____
5. 16 × 5 = 5 × _16_ = _____80_____
6. 16 × 6 = 6 × _16_ = _____96_____
7. 16 × 7 = 7 × _16_ = _____112_____
8. 16 × 8 = 8 × _16_ = _____128_____
9. 16 × 9 = 9 × _16_ = _____144_____
10. 16 × 10 = 10 × _16_ = _____160_____
11. 16 × 11 = 11 × _16_ = _____176_____
12. 16 × 12 = 12 × _16_ = _____192_____

Did you know this is called as commutative property for multiplication ?

MP Exercise 17

1. 17 × 1 = 1 × __17__ = ____17____
2. 17 × 2 = 2 × __17__ = ____34____
3. 17 × 3 = 3 × __17__ = ____51____
4. 17 × 4 = 4 × __17__ = ____68____
5. 17 × 5 = 5 × __17__ = ____85____
6. 17 × 6 = 6 × __17__ = ____102____
7. 17 × 7 = 7 × __17__ = ____119____
8. 17 × 8 = 8 × __17__ = ____136____
9. 17 × 9 = 9 × __17__ = ____153____
10. 17 × 10 = 10 × __17__ = ____170____
11. 17 × 11 = 11 × __17__ = ____187____
12. 17 × 12 = 12 × __17__ = ____204____

Did you know this is called as commutative property for multiplication ?

MP Exercise 18

1. 18 × 1 = 1 × 18 =   18
2. 18 × 2 = 2 × 18 =   36
3. 18 × 3 = 3 × 18 =   54
4. 18 × 4 = 4 × 18 =   72
5. 18 × 5 = 5 × 18 =   90
6. 18 × 6 = 6 × 18 =   108
7. 18 × 7 = 7 × 18 =   126
8. 18 × 8 = 8 × 18 =   144
9. 18 × 9 = 9 × 18 =   162
10. 18 × 10 = 10 × 18 =   180
11. 18 × 11 = 11 × 18 =   198
12. 18 × 12 = 12 × 18 =   216

Did you know this is called as commutative property for multiplication ?

MULTIPLICATION FACTS

Practice

MP Exercise 19

1. 19 × 1 = 1 × __19__ = __19__
2. 19 × 2 = 2 × __19__ = __38__
3. 19 × 3 = 3 × __19__ = __57__
4. 19 × 4 = 4 × __19__ = __76__
5. 19 × 5 = 5 × __19__ = __95__
6. 19 × 6 = 6 × __19__ = __114__
7. 19 × 7 = 7 × __19__ = __133__
8. 19 × 8 = 8 × __19__ = __152__
9. 19 × 9 = 9 × __19__ = __171__
10. 19 × 10 = 10 × __19__ = __190__
11. 19 × 11 = 11 × __19__ = __209__
12. 19 × 12 = 12 × __19__ = __228__

Did you know this is called as commutative property for multiplication ?

MP Exercise 20

1. 20 × 1 = 1 × _20_ = _20_
2. 20 × 2 = 2 × _20_ = _40_
3. 20 × 3 = 3 × _20_ = _60_
4. 20 × 4 = 4 × _20_ = _80_
5. 20 × 5 = 5 × _20_ = _100_
6. 20 × 6 = 6 × _20_ = _120_
7. 20 × 7 = 7 × _20_ = _140_
8. 20 × 8 = 8 × _20_ = _160_
9. 20 × 9 = 9 × _20_ = _180_
10. 20 × 10 = 10 × _20_ = _200_
11. 20 × 11 = 11 × _20_ = _220_
12. 20 × 12 = 12 × _20_ = _240_

Did you know this is called as commutative property for multiplication ?

MP Exercise 21

1. 21 × 1 = 1 × __21__ = __21__
2. 21 × 2 = 2 × __21__ = __42__
3. 21 × 3 = 3 × __21__ = __63__
4. 21 × 4 = 4 × __21__ = __84__
5. 21 × 5 = 5 × __21__ = __105__
6. 21 × 6 = 6 × __21__ = __126__
7. 21 × 7 = 7 × __21__ = __147__
8. 21 × 8 = 8 × __21__ = __168__
9. 21 × 9 = 9 × __21__ = __189__
10. 21 × 10 = 10 × __21__ = __210__
11. 21 × 11 = 11 × __21__ = __231__
12. 21 × 12 = 12 × __21__ = __252__

Did you know this is called as commutative property for multiplication ?

 **MULTIPLICATION FACTS**

Practice

MP Exercise 22

1. 22 × 1 = 1 × __22__ = __22__
2. 22 × 2 = 2 × __22__ = __44__
3. 22 × 3 = 3 × __22__ = __66__
4. 22 × 4 = 4 × __22__ = __88__
5. 22 × 5 = 5 × __22__ = __110__
6. 22 × 6 = 6 × __22__ = __132__
7. 22 × 7 = 7 × __22__ = __154__
8. 22 × 8 = 8 × __22__ = __176__
9. 22 × 9 = 9 × __22__ = __198__
10. 22 × 10 = 10 × __22__ = __220__
11. 22 × 11 = 11 × __22__ = __242__
12. 22 × 12 = 12 × __22__ = __264__

Did you know this is called as commutative property for multiplication ?

MULTIPLICATION FACTS

Practice

MP Exercise 23

1. 23 × 1 = 1 × _23_ = _____23_____
2. 23 × 2 = 2 × _23_ = _____46_____
3. 23 × 3 = 3 × _23_ = _____69_____
4. 23 × 4 = 4 × _23_ = _____92_____
5. 23 × 5 = 5 × _23_ = _____115_____
6. 23 × 6 = 6 × _23_ = _____138_____
7. 23 × 7 = 7 × _23_ = _____161_____
8. 23 × 8 = 8 × _23_ = _____184_____
9. 23 × 9 = 9 × _23_ = _____207_____
10. 23 × 10 = 10 × _23_ = _____230_____
11. 23 × 11 = 11 × _23_ = _____253_____
12. 23 × 12 = 12 × _23_ = _____276_____

Did you know this is called as commutative property for multiplication ?

MULTIPLICATION FACTS

Practice

MP Exercise 24

1. 24 × 1 = 1 × 24 = 24
2. 24 × 2 = 2 × 24 = 48
3. 24 × 3 = 3 × 24 = 72
4. 24 × 4 = 4 × 24 = 96
5. 20 × 5 = 5 × 20 = 120
6. 24 × 6 = 6 × 24 = 144
7. 24 × 7 = 7 × 24 = 168
8. 24 × 8 = 8 × 24 = 192
9. 24 × 9 = 9 × 24 = 216
10. 24 × 10 = 10 × 24 = 240
11. 24 × 11 = 11 × 24 = 264
12. 24 × 12 = 12 × 24 = 288

Did you know this is called as commutative property for multiplication?

MP Exercise 25

1. 25 × 1 = 1 × 25 = 25
2. 25 × 2 = 2 × 25 = 50
3. 25 × 3 = 3 × 25 = 75
4. 25 × 4 = 4 × 25 = 100
5. 25 × 5 = 5 × 25 = 125
6. 25 × 6 = 6 × 25 = 150
7. 25 × 7 = 7 × 25 = 175
8. 25 × 8 = 8 × 25 = 200
9. 25 × 9 = 9 × 25 = 225
10. 25 × 10 = 10 × 25 = 250
11. 25 × 11 = 11 × 25 = 275
12. 25 × 12 = 12 × 25 = 300

Did you know this is called as commutative property for multiplication ?

MULTIPLICATION FACTS

Practice

MP Exercise 26

1. 50 × 1 = 1 × 50 = 50
2. 22 × 2 = 2 × 22 = 44
3. 67 × 3 = 3 × 67 = 201
4. 75 × 4 = 4 × 75 = 300
5. 82 × 5 = 5 × 82 = 410
6. 88 × 6 = 6 × 88 = 528
7. 90 × 7 = 7 × 90 = 630
8. 96 × 8 = 8 × 96 = 768
9. 137 × 9 = 9 × 137 = 1233
10. 104 × 10 = 10 × 104 = 1040
11. 2005 × 11 = 11 × 2005 = 22055
12. 10000 × 12 = 12 × 10000 = 120000

Did you know this is called as commutative property for multiplication ?

MP Exercise 27

1. 222 × 1 = 1 × 222 = 222
2. 401 × 2 = 2 × 401 = 802
3. 539 × 3 = 3 × 539 = 1617
4. 67 × 4 = 4 × 67 = 268
5. 74 × 5 = 5 × 74 = 370
6. 99 × 6 = 6 × 99 = 594
7. 33 × 7 = 7 × 33 = 231
8. 29 × 8 = 8 × 29 = 312
9. 3000 × 9 = 9 × 3000 = 27000
10. 5555 × 10 = 10 × 5555 = 55550
11. 6001 × 11 = 11 × 6001 = 66011
12. 6095 × 12 = 12 × 6095 = 73140

Did you know this is called as commutative property for multiplication ?

MP Exercise 28

(A) 15 × 0 = 0

(B) 35 × 1 = 35

(C) 11 × 2 = 22

(D) 14 × 3 = 42

(E) 5 × 4 = 20

(F) 7 × 5 = 35

(G) 10 × 6 = 60

(H) 12 × 7 = 84

(I) 6 × 8 = 48

(J) 7 × 9 = 63

(K) 3 × 10 = 30

(L) 1 × 11 = 11

(M) 0 × 12 = 0

MP Exercise 29

(A) 5 × 5 = 25

(B) 6 × 6 = 36

(C) 7 × 7 = 49

(D) 8 × 8 = 64

(E) 9 × 9 = 81

(F) 9 × 9 = 81

(G) 10 × 10 = 100

(H) 11 × 11 = 121

(I) 12 × 12 = 144

(J) 4 × 4 = 36

(K) 3 × 3 = 9

(L) 2 × 2 = 4

(M) 0 × 0 = 0

MP Exercise 30

(A) 12 × 5 = 60

(B) 11 × 5 = 55

(C) 10 × 5 = 50

(D) 9 × 5 = 45

(E) 8 × 5 = 40

(F) 7 × 5 = 35

(G) 6 × 5 = 30

(H) 5 × 5 = 25

(I) 4 × 5 = 20

(J) 3 × 5 = 15

(K) 2 × 5 = 10

(L) 1 × 5 = 5

(M) 0 × 5 = 0

MP Exercise 31

(A) 5 × 10 = 50

(B) 6 × 10 = 60

(C) 7 × 10 = 70

(D) 8 × 10 = 80

(E) 9 × 10 = 90

(F) 1 × 10 = 10

(G) 10 × 10 = 100

(H) 11 × 10 = 110

(I) 12 × 10 = 120

(J) 4 × 10 = 40

(K) 3 × 10 = 30

(L) 2 × 10 = 20

(M) 0 × 10 = 0

MP Exercise 32

(A) 5 × 1 = 5

(B) 6 × 1 = 6

(C) 7 × 1 = 7

(D) 8 × 1 = 8

(E) 9 × 1 = 9

(F) 1 × 1 = 1

(G) 10 × 1 = 10

(H) 11 × 1 = 11

(I) 12 × 1 = 12

(J) 4 × 1 = 4

(K) 3 × 1 = 3

(L) 2 × 1 = 2

(M) 0 × 1 = 0

MP Exercise 33

(A) 5 × 9 = 45

(B) 6 × 9 = 54

(C) 7 × 9 = 63

(D) 8 × 9 = 72

(E) 9 × 9 = 81

(F) 1 × 9 = 9

(G) 10 × 9 = 90

(H) 11 × 9 = 99

(I) 12 × 9 = 108

(J) 4 × 9 = 36

(K) 3 × 9 = 27

(L) 2 × 9 = 18

(M) 0 × 9 = 0

MP Exercise 34

(A) 5 × 6 = 30

(B) 6 × 6 = 36

(C) 7 × 6 = 42

(D) 8 × 6 = 48

(E) 9 × 6 = 54

(F) 1 × 6 = 6

(G) 10 × 6 = 60

(H) 11 × 6 = 66

(I) 12 × 6 = 72

(J) 4 × 6 = 24

(K) 3 × 6 = 18

(L) 2 × 6 = 12

(M) 0 × 6 = 0

MP Exercise 35

(A) 5 × 2 = 10

(B) 6 × 2 = 12

(C) 7 × 2 = 14

(D) 8 × 2 = 16

(E) 9 × 2 = 18

(F) 1 × 2 = 2

(G) 10 × 2 = 20

(H) 11 × 2 = 22

(I) 12 × 2 = 24

(J) 4 × 2 = 8

(K) 3 × 2 = 6

(L) 2 × 2 = 4

(M) 0 × 2 = 0

MULTIPLICATION FACTS

Practice

1 × 1 = 1	2 × 1 = 2	3 × 1 = 3
1 × 2 = 2	2 × 2 = 4	3 × 2 = 6
1 × 3 = 3	2 × 3 = 6	3 × 3 = 9
1 × 4 = 4	2 × 4 = 8	3 × 4 = 12
1 × 5 = 5	2 × 5 = 10	3 × 5 = 15
1 × 6 = 6	2 × 6 = 12	3 × 6 = 18
1 × 7 = 7	2 × 7 = 14	3 × 7 = 21
1 × 8 = 8	2 × 8 = 16	3 × 8 = 24
1 × 9 = 9	2 × 9 = 18	3 × 9 = 27
1 × 10 = 10	2 × 10 = 20	3 × 10 = 30
1 × 11 = 11	2 × 11 = 22	3 × 11 = 33
1 × 12 = 11	2 × 12 = 24	3 × 12 = 36

MULTIPLICATION FACTS

Practice

4 × 1 = 4	5 × 1 = 5	6 × 1 = 6
4 × 2 = 8	5 × 2 = 10	6 × 2 = 12
4 × 3 = 12	5 × 3 = 15	6 × 3 = 18
4 × 4 = 16	5 × 4 = 20	6 × 4 = 24
4 × 5 = 20	5 × 5 = 25	6 × 5 = 30
4 × 6 = 24	5 × 6 = 30	6 × 6 = 36
4 × 7 = 28	5 × 7 = 35	6 × 7 = 42
4 × 8 = 32	5 × 8 = 40	6 × 8 = 48
4 × 9 = 36	5 × 9 = 45	6 × 9 = 54
4 × 10 = 40	5 × 10 = 50	6 × 10 = 60
4 × 11 = 44	5 × 11 = 55	6 × 11 = 66
4 × 12 = 48	5 × 12 = 60	6 × 12 = 72

MULTIPLICATION FACTS

Practice

7 × 1 = 7	8 × 1 = 8	9 × 1 = 9
7 × 2 = 14	8 × 2 = 16	9 × 2 = 18
7 × 3 = 21	8 × 3 = 24	9 × 3 = 27
7 × 4 = 28	8 × 4 = 32	9 × 4 = 36
7 × 5 = 35	8 × 5 = 40	9 × 5 = 45
7 × 6 = 42	8 × 6 = 48	9 × 6 = 54
7 × 7 = 49	8 × 7 = 56	9 × 7 = 63
7 × 8 = 56	8 × 8 = 64	9 × 8 = 72
7 × 9 = 63	8 × 9 = 72	9 × 9 = 81
7 × 10 = 70	8 × 10 = 80	9 × 10 = 90
7 × 11 = 77	8 × 11 = 88	9 × 11 = 99
7 × 12 = 84	8 × 12 = 96	9 × 12 = 108

MULTIPLICATION FACTS

Practice

10 × 1 = 10	11 × 1 = 11	12 × 1 = 12
10 × 2 = 20	11 × 2 = 22	12 × 2 = 24
10 × 3 = 30	11 × 3 = 33	12 × 3 = 36
10 × 4 = 40	11 × 4 = 44	12 × 4 = 48
10 × 5 = 50	11 × 5 = 55	12 × 5 = 56
10 × 6 = 60	11 × 6 = 66	12 × 6 = 60
10 × 7 = 70	11 × 7 = 77	12 × 7 = 72
10 × 8 = 80	11 × 8 = 88	12 × 8 = 84
10 × 9 = 90	11 × 9 = 99	12 × 9 = 96
10 × 10 = 100	11 × 10 = 110	12 × 10 = 120
10 × 11 = 110	11 × 11 = 121	12 × 11 = 132
10 × 12 = 120	11 × 12 = 132	12 × 12 = 144

MULTIPLICATION FACTS

Practice

13 × 1 = 13	14 × 1 = 14	15 × 1 = 15
13 × 2 = 26	14 × 2 = 28	15 × 2 = 30
13 × 3 = 39	14 × 3 = 42	15 × 3 = 45
13 × 4 = 52	14 × 4 = 56	15 × 4 = 60
13 × 5 = 65	14 × 5 = 70	15 × 5 = 75
13 × 6 = 78	14 × 6 = 84	15 × 6 = 90
13 × 7 = 91	14 × 7 = 98	15 × 7 = 105
13 × 8 = 104	14 × 8 = 112	15 × 8 = 120
13 × 9 = 117	14 × 9 = 126	15 × 9 = 135
13 × 10 = 130	14 × 10 = 140	15 × 10 = 150
13 × 11 = 143	14 × 11 = 154	15 × 11 = 165
13 × 12 = 156	14 × 12 = 168	15 × 12 = 180

MULTIPLICATION FACTS

Practice

16 × 1 = 16	17 × 1 = 17	18 × 1 = 18
16 × 2 = 32	17 × 2 = 34	18 × 2 = 36
16 × 3 = 48	17 × 3 = 51	18 × 3 = 54
16 × 4 = 64	17 × 4 = 68	18 × 4 = 72
16 × 5 = 80	17 × 5 = 85	18 × 5 = 90
16 × 6 = 96	17 × 6 = 102	18 × 6 = 108
16 × 7 = 112	17 × 7 = 119	18 × 7 = 126
16 × 8 = 128	17 × 8 = 136	18 × 8 = 144
16 × 9 = 144	17 × 9 = 153	18 × 9 = 162
16 × 10 = 160	17 × 10 = 170	18 × 10 = 180
16 × 11 = 176	17 × 11 = 187	18 × 11 = 198
16 × 12 = 192	17 × 12 = 204	18 × 12 = 216

MULTIPLICATION FACTS

Practice

19 × 1 = 19	20 × 1 = 20	21 × 1 = 21
19 × 2 = 38	20 × 2 = 40	21 × 2 = 42
19 × 3 = 57	20 × 3 = 60	21 × 3 = 63
19 × 4 = 76	20 × 4 = 80	21 × 4 = 84
19 × 5 = 95	20 × 5 = 100	21 × 5 = 105
19 × 6 = 114	20 × 6 = 120	21 × 6 = 126
19 × 7 = 133	20 × 7 = 140	21 × 7 = 147
19 × 8 = 152	20 × 8 = 160	21 × 8 = 168
19 × 9 = 171	20 × 9 = 180	21 × 9 = 189
19 × 10 = 190	20 × 10 = 200	21 × 10 = 210
19 × 11 = 209	20 × 11 = 220	21 × 11 = 231
19 × 12 = 228	20 × 12 = 240	21 × 12 = 252

MULTIPLICATION FACTS

Practice

22 × 1 = 22	23 × 1 = 23	24 × 1 = 24
22 × 2 = 44	23 × 2 = 46	24 × 2 = 48
22 × 3 = 66	23 × 3 = 69	24 × 3 = 72
22 × 4 = 88	23 × 4 = 92	24 × 4 = 96
22 × 5 = 110	23 × 5 = 115	24 × 5 = 120
22 × 6 = 132	23 × 6 = 138	24 × 6 = 144
22 × 7 = 154	23 × 7 = 161	24 × 7 = 168
22 × 8 = 176	23 × 8 = 184	24 × 8 = 192
22 × 9 = 198	23 × 9 = 207	24 × 9 = 216
22 × 10 = 220	23 × 10 = 230	24 × 10 = 240
22 × 11 = 242	23 × 11 = 253	24 × 11 = 264
22 × 12 = 264	23 × 12 = 276	24 × 12 = 288

MULTIPLICATION FACTS

Practice

25 × 1 = 25	50 × 1 = 50	100 × 1 = 100
25 × 2 = 50	50 × 2 = 100	100 × 2 = 200
25 × 3 = 75	50 × 3 = 150	100 × 3 = 300
25 × 4 = 100	50 × 4 = 200	100 × 4 = 400
25 × 5 = 125	50 × 5 = 250	100 × 5 = 500
25 × 6 = 150	50 × 6 = 300	100 × 6 = 600
25 × 7 = 175	50 × 7 = 350	100 × 7 = 700
25 × 8 = 200	50 × 8 = 400	100 × 8 = 800
25 × 9 = 225	50 × 9 = 450	100 × 9 = 900
25 × 10 = 250	50 × 10 = 500	100 × 10 = 1000
25 × 11 = 275	50 × 11 = 550	100 × 11 = 1100
25 × 12 = 300	50 × 12 = 600	100 × 12 = 1200